吃、吃、吃，迈着修长的腿，一边走一边不停地吃；嚼、嚼、嚼，鼓动着腮帮子，趴在那儿悠闲地嚼。我描述的并不是你吃零食的情景，而是麋鹿的慵懒生活。

白头海雕   巨隼

金雕   短尾鹰

我们的"空中战斗机"们之所以能够成功捕猎，靠的不是这些弯钩状的、坚硬而锐利的喙，而是……

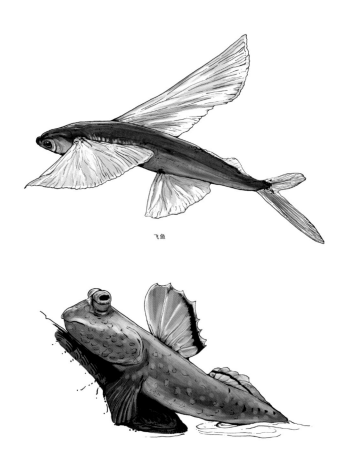

飞鱼

弹涂鱼

　　看，飞鱼正在天上飞，而弹涂鱼呢？它正趴在灰蒙蒙、黏糊糊、湿漉漉的淤泥里，大脑袋摆来摆去，大口大口、稀里哗啦地吃泥呢，那样子有点儿像是在犁田。

座头鲸的双面生活

郑 炜／著

大嚼科学

动物卷 2

明天出版社

目录

第3章

一切都为了爱

第4章

拜动物为师

第 1 章

"吃吃吃"
是永恒的主题

没有四肢的顶级掠食者
——从吞了自己的雷吉谈起

　　大千世界，无奇不有，来自英国西萨塞克斯郡的一条宠物蛇加州王蛇雷吉，饿起来大快朵颐，不过，它吃的是自己！它从尾巴开始，一点儿一点儿吞噬自己，当它意识到大事不妙的时候，却发现自己的牙齿已经牢牢卡住了尾部。雷吉尝试着将自己的尾巴吐出来，但努力了半天，直到下颚脱臼都没有成功，只能一直保持着头尾相接的环状结构，像个呼啦圈一样。幸亏主人及时发现，把它送到了兽医那里接受手术治疗。

　　整个手术共花费了一个半小时，不算复杂，但格外精细，以免雷吉的皮肤被自己的牙齿撕裂。值得庆幸的是，被雷吉吞下的尾部还没有进入到它的胃里，因而还没有被胃液消化。这件雷吉的蠢事里面，有几个问题值得我们认真研究研究。雷吉吃东西时不嚼吗？如果不嚼的话，它要怎么消化被吞下去的食物呢？雷吉怎么这么傻，会自己吞自己呢？蛇的牙齿的作用是什么呢？

尴尬的捕食者

加州王蛇寿命可以超过二十年，十八岁的雷吉早已成年，怎么会做出自己吞自己的傻事来呢？主人分析，可能是饲养它的地方太小了，雷吉没有足够的空间伸展，导致尾巴和嘴离得很近，饿昏了头之后，雷吉也许觉得这条尾巴是另一条蛇的，于是就张开了大口。想想也有道理，我们经常会看见小猫小狗追着自己的尾巴玩得不亦乐乎。这样说来，似乎雷吉做的傻事也可以被原谅。

那么，雷吉吃自己的尾巴，难道不会觉得痛吗？要回答这个问题，我们需要了解蛇的进食习惯——生吞！其实蛇是不会用它们的牙齿撕咬、咀嚼猎物的。蛇这种动物，初看很可怕，再看就觉得有点儿可笑了——细长的一条，连四肢都没有。尽管如此，它们的行踪却遍布地球上绝大多数地方，在沙土里、树梢上、海水中、高寒的喜马拉雅山上、灼热的撒哈拉沙漠里、湿热的热带雨林中，不同颜色、不同大小的蛇或在伪装，或在埋伏，千万别被它们盯上，它们堪称这个星球上最成功的掠食者。怎么，有点儿不可思议吗？

无脚也飞奔

蛇，没有四肢，却是扭来扭去的急行侠。一说到蛇的运动，大家恐怕都能想到 S 形的行进路线，但这并不是蛇运动方式的全部。比如说大蟒，它们通过收缩和舒张身体下侧的肌肉，配合鳞片的竖立，来推地面，而地面的反作用力就可以推动蛇的身体向前了。肌肉的波状运动使蛇的身体高高低低地轻微起伏，整体呈直线向前推进，有点儿像坦克履带的行进。这种运动方式没有 S 形扭曲来得快，但是它消耗的能量相对较少，满足了大蟒的生活需求。要知道，大蟒块头那么大，基本上没什么天敌能让它快速逃跑，它自己捕食采取的又是伏击模式，因此直线形、慢速低耗的运动方式，实在很适合它。

除了大蟒这类巨无霸，大多数蛇确实是使用蜿蜒前进的方式，以弯曲的身体侧面为支点，推动身体向前。这种方式在有些蛇身上演绎出惊人的速度，比如非洲黑眼镜蛇，长距离行进时速度可以达到每小时 7 千米，短距离行进时速度可以达到每小时 14 千米，在水里时速度甚至还会加倍。蛇还有一种伸缩式运动，蛇身前部抬起，尽力前伸，接触到支持的物体时，蛇身后部即跟着缩向前去，然后再抬起身体前部向前伸，得到支撑物，后部再缩向前去，这样交替伸缩，蛇就能不断地向前爬行。这种运动有点儿像尺蠖爬行，如果蛇受惊加快伸缩速度，就有点儿跳跃的感觉了。在撒哈拉沙漠里，蛇还有一种侧向滑动的运动方式，身体弯曲紧凑，靠脖颈和尾部摆动的力量，整个身体横向滑动，十分有趣。

蛇眼、毒牙和大嘴

如果只是解决了运动问题，蛇还不足以成为捕猎高手，它们只有把精密的探测器集于一身，才能变成伏击和伪装的高手。比如鼓腹蝰蛇想要捕鼠，首先会在鼠洞旁岩石下埋伏起来。蛇眼对动的物体很敏感；蛇的信子不停地吞吐，这是它用以收集空气中化学分子的利器；蛇虽然没有耳朵，但是它的皮肤可以感知空气中声波的振动，尤其是当它把下颚骨贴着地面的时候，振动声通过地面传递有放大的效果，它能感知得更加清晰；同时，当猎物靠近到 15 厘米范围内时，蛇的颊窝还可以直接探测猎物的温度，跟红外线探测仪一样。有了视觉、嗅觉、味觉、听觉、温觉等多方面的信息来源，蛇就可以准确地追踪猎物的动态，定位猎物的位置。

当猎物进入毒蛇最佳的攻击范围后，毒蛇会毫不犹豫地回缩身体，迅猛出击咬住猎物，迅速将毒液注入猎物皮肤的深层组织，然后及时回撤身体，保护它们自己脆弱的毒牙，剩下的就是静等猎物毒发。这一系列的动作，最快的毒蛇只需要 0.33 秒就可以完成！蛇毒往往并不是要毒死猎物，主要作用还是麻痹猎物，大大降低猎物的运动能力，之后再悠闲地享用丧失运动能力的美食。

自带生化武器的毒蛇自然是所向披靡，尤其是像眼镜蛇一类的毒蛇还可以远距离喷射毒液，甚至都没有近身攻击的必要。无毒蛇亦有自己的招数，它们通常是利用有力的缠绕使猎物昏迷或死亡。不过，蛇的力气并没有大到可以把猎物脑壳挤压碾碎的地步——那儿还是很坚固的。蛇的目标器官是肺。蛇趁着猎物每一次呼气时肺部体积的减小而收得更紧一些，直到猎物没有力气和余地再进行肺部扩张、收缩，最终窒息昏迷甚至死亡。蛇的耐心还表现在缠绕、绞杀猎物时，它们会通过腹部感知猎物的心跳而判断何时松开猎物开始进食。蛇从猎物的头开始生吞，这个时候，猎物甚至可能还没有死。

众所周知，蛇的另一个特点是它们特殊的下颌结构。下颌以非固定的方式与颅骨灵活相连，因而可以向下张得很大。事实上，我们可以把蛇的头部看成由左右上颌骨和左右下颌骨四个部分构成，每个部分之间都是由柔韧性很好的韧带连接。这种结构使得蛇的嘴巴能够张大到令人惊叹的程度，从而吞下比它身体看起来大许多的猎物，而蛇身的肌肉会用力地收缩、舒张，推动猎物进入到蛇的胃部。有个俗语叫"人心不足蛇吞象"，讽刺的是生性贪婪的人，就像蛇试图吞食比自己体积大很多的象一样。但是说蛇贪婪，倒是有点儿冤枉它们了，蛇并不算是贪婪的杀手。很多蛇在饱餐一顿之后，往往长时间都不会再进食。比如，印度蟒可能会停止进食数周，而它最久的停食纪录甚至长达两年。尤其是在进食过大型猎物后，印度蟒不仅会停食，甚至懒得动弹，因为若在这种吃撑了的状态下勉强行进，其身体可能会被体内尚未被消化的猎物的坚硬部分伤害。

见识了蛇的捕食技巧，我们终于可以回到有关蠢蠢的雷吉的这个问题上了。无论毒蛇还是无毒蛇，它们的牙齿都不是为了撕咬或咀嚼而生。雷吉是加州王蛇，本身无毒且性情温和，一般以蜥蜴、鸟类以及诸如老鼠这样的小型哺乳类动物为食。它在吞食自己细细的尾巴的时候，一开始并不需要用到牙齿。等到比较粗的部分进入到嘴里，它借助自己的牙齿帮忙固定"猎物"的时候，牙齿卡在了自己的皮肉里，疼痛感使得雷吉意识到情况不妙而试图松口，但无奈牙齿使得"猎物"只能向前进而不能后退，"猎物"是很难被直接倒拉出来的。没办法，雷吉只能乖乖就医，还被当作蠢而"萌"的典型，落了个被世人嘲笑的尴尬境地。

非常问

救护车的急救标志上为什么会有蛇这种阴险的动物呢？

　　救护车的急救标志有两种：一种是双蛇缠杖，上头附加双翼；另一种是单蛇缠杖。它们都被称为"蛇杖"。蛇往往给人阴险恶毒的感觉，为什么会成为神圣的、标志着"救死扶伤"的医学象征呢？有人认为这是因为蛇有药用价值，但其实蛇杖标志起源于古希腊神话传说，是为了纪念阿斯克勒庇俄斯（Asclepius）这位伟大的医药神。

　　关于单蛇缠杖，有两个传说。其中一个是这样的。阿斯克勒庇俄斯遇到一位病情很复杂的病人，于是向一条蛇咨询并寻求建议。为了表示蛇与他地位平等，可以与他面对面讨论，他请蛇缠绕在他的权杖上。病人痊愈后，阿斯克勒庇俄斯就手持蛇杖四处云游行医，久而久之，蛇杖就变成了医学的标志。另一个传说则是，阿斯克勒庇俄斯在潜心思索一项病案时，一条毒蛇爬进来盘绕在他的手杖上，他当即把这条毒蛇杀死。谁知这时，另一条毒蛇口衔药草敷在死蛇身上，结果死蛇复活。阿斯克勒庇俄斯立刻明白：蛇毒可以致命，但蛇又有神秘的疗伤能力可以救人。从此以后，阿斯克勒庇俄斯去各地行

座头鲸的双面生活

9

医总会随身携带蛇杖。

　　双蛇缠杖的由来也有不止一个传说。一说是阿斯克勒庇俄斯的父亲阿波罗与"运输之神"赫耳墨斯交换礼物，赫耳墨斯赠予阿波罗里拉琴，阿波罗则把儿子的单蛇缠杖改造成了附加双翼的双蛇杖赠予赫耳墨斯，赫耳墨斯对双蛇杖爱不释手。这也是海关标志的由来。另一说是因为阿斯克勒庇俄斯看见两蛇打斗，用尽办法都无法让它们停止，就将权杖放在地上试着把它们分开，两条蛇于是重归于好，形成双蛇杖。

君子善假于物
——蚂蚁农场（一）

　　我一直梦想着有一片属于我的农场，农场里有农田，有菜园，有奶牛，有鸡鸭鱼肉，随吃随取，新鲜健康。我的梦想已经在路上了，到目前为止，我已经在阳台上栽了几盆青葱，别笑话我，好歹也是随吃随取了。

　　不过我可听说，蚂蚁在开展自己的农牧事业上，甩开我不知多远啦！

　　你可能见过蚂蚁在地上寻寻觅觅，将找到的食物搬回自己的地下宫殿，但除了出门找食物这种初级方式，蚂蚁还有更高明的手段！

要吃蜜，养蚜虫

　　喜欢喝牛奶吗？养头黑白花奶牛吧！喜欢吃蜜露吗？养群蚜虫吧！

　　蚜虫是什么玩意？你一定遇到过它们，但很可能忽略了它们。这些动物非常非常小，也就针尖那么大，经常聚集过来，趴在植物的茎或叶上，几乎一动不动——它们在静悄悄地吸食植物的汁液。正因如此，蚜虫的英文名字叫"plant louse"。有一些蚜虫可以通过飞行迁移，所以还有个名字叫"greenfly"。但蚜虫最耐人寻味的名字要数"antcow"，没错，蚜虫是蚂蚁的"奶牛"。

蚜虫不会产奶，但可以产蜜露，这也是它为啥被称为"蜜虫""腻虫"。蚜虫带刺吸式的口器刺穿植物的表皮层，插入植物的筛管。什么是筛管呢？

植物的根、茎、叶内有两套通路系统：一套是由根到茎再到叶片的上行线路，主要运送的是根从土壤中吸收的水和无机盐离子，这条通路叫"导管"；另一套是从叶片到茎再到根部的下行路线，主要运送的是叶片利用阳光、水和二氧化碳制造的有机糖分，这条通路叫"筛管"。

蚜虫的针管刺入筛管，就相当于接通了一条运送糖汁的管道，糖汁在本身的压力之下，源源不断地进入蚜虫体内。

有趣的是，蚜虫只需要其中的部分糖分就够了，为什么还要一直吸食呢？其实不能怪蚜虫贪得无厌，原来，糖汁中还有少量的含氮元素的分子，蚜虫则需要大量的含氮分子制造身体生长所需要的蛋白质，所以就一直吸食，好像根本停不下来。而多余的糖分经过蚜虫的肠道被排出体外，每隔一两分钟，蚜虫就会翘起尾部，分泌含糖量很高的蜜露。这蜜露可是蚂蚁喜

大嚼科学 动物卷 ❷

12

爱的高能饮料，蚂蚁用大颚刮取蜜露，吞到嘴里。有时，蚂蚁还会用触角轻拍蚜虫的腹部，促进蚜虫分泌蜜露。数只蚂蚁在一堆蚜虫中穿梭，拍拍这只，戳戳那只，那繁忙的景象，就像挤奶工在青青的牧场里挤奶时一样。

天下没有免费的午餐，蚜虫也并不是什么无私奉献的博爱人士。从某种程度上说，蚂蚁也充当了蚜虫的卫兵和保姆的角色。蚜虫天敌很多，像瓢虫、草蛉、食蚜蝇，都视其为美食，而蚂蚁的保护能使蚜虫过上安定的生活。蚜虫的大量聚集，常常导致植物因营养加快消耗或感染病毒、细菌等而枯萎。弹尽粮绝了，自然不能死乞白赖地停留在原地，蚂蚁会扛起它们的奶牛，前往另一片水草丰美的牧场。

不仅如此，蚜虫对天气变化和气候变化也很敏感，温度剧烈变化或是一场大暴雨的冲刷都可能给蚜虫带来灭顶之灾。但是有一种叫"玉蜀黍根蚜"的蚜虫并不担心这些，因为它们有蚂蚁保姆。冬天的时候，蚂蚁把蚜虫的卵安放在蚁巢内小心照看，来年春天再把这些卵搬到玉米根上，当小蚜虫孵化变身为"蜜露水龙头"时，蚂蚁就可以坐收蜜露了。

以上叙述的不过是放养式的牧场，有一种黄墩蚁竟然还干起了圈养蚜虫的买卖！它们把蚜虫留在蚁巢中，把植物的根作为饲料喂养着它们，自己收获蜜露。如果有新蚁后要离开蚁巢，新建自己的王国，那么，它甚至会在离开的时候带上一粒蚜虫卵，作为本钱，重起炉灶。

事情还可以更有趣一些。黑灰蝶（*Niphanda fusca*）会把自己的卵产在蚜虫密集的植物上，好让自己的后代一孵化出来就能享用大餐。神奇的是，放牧的蚂蚁对自己的奶牛被吃掉居然并不干涉，它们对大吃蚜虫的毛毛虫表现出了惊人的大度。它们会把毛毛虫淡定地运回巢中，继续喂养它们。这些毛毛虫也没有辜负蚂蚁的不杀之恩，它们也开始排出蜜露。毛毛虫化蛹前会爬到蚁巢的洞口，两周后破茧成蝶飞走。

靠种植为生的蚂蚁

蚂蚁不光经营畜牧业，还有自己的种植业。切叶蚁成虫以被自己切碎的植物叶片的汁液为生，但它们同时利用切碎的叶片种植真菌，再用真菌喂养自己的幼虫。而墨西哥蜜蚁则把自己的同胞变成蜜罐，它们吸食甜柞树的汁液，食物丰盛时，就把甜汁酿成蜜，储存在个别同胞的身体里，这些作为蜜罐存在的蚂蚁不用再做其他的工作，等到季节变换、粮食紧缺之时，它们要开仓放粮，接济同胞。真是太机智了！

以上这些已经是很神奇的了，但好戏往往在后头。养养奶牛、种种真菌，这些还只是农民靠自己的力量，通过辛勤劳动获得回报，而蚂蚁中还有一类把"善假于物"用到极致的——到别的蚁巢抢些奴隶来替自己干活儿！

非常问

僵尸蚂蚁是怎么回事？

一些真菌会极其霸道地把蚂蚁的身体当成自己的餐桌，你能想象这样一番场景吗？科学家在巴西雨林发现了这些可以令蚂蚁感染的真菌，并把它们形象地称为"僵尸真菌"。因为在使蚂蚁感染后，这些真菌可以占据它们的大脑并进行"精神控制"，使得蚂蚁爬上枝头，并最终僵死在那里。这些真菌不止一种，它们在杀死蚂蚁后，首先会迅速吃掉僵尸蚂蚁体内的营养物质，继而破蚁而出，有的长出白毛状的菌丝，有的形成单一的茎干，有的形成叉状茎干。

从蚂蚁头部长出后，真菌就开始了各不相同的传播孢子的过程：有些形成细细的"传染钉"，传染过路的蚂蚁；有些长出"爆炸性"孢子，当其他蚂蚁靠近尸体时，它们便射出孢子，击中这些无辜的过客，进而将它们变成僵尸。故事讲到这里还没结束。蚂蚁并不愿意束手就擒、坐以待毙，它们使用另一种真菌来对付僵尸真菌，从而避免自己的种群被赶尽杀绝。蚂蚁通过彼此间梳理身体毛发来传递这种重寄生真菌，重寄生真菌有效地限制了僵尸真菌在蚁群中的扩散传播。

君子善假于物
——蚂蚁农场（二）

上一篇我们讲到，蚂蚁勤勤恳恳地经营着自己的农场，它们种植真菌、放牧蚜虫。还有更绝的，有一些蓄奴蚁会把别的蚂蚁当作自己的奴隶，让其为自己打点日常生活，它们自己则过上了奴隶主的滋润生活。

怎么才能获得奴隶呢？在人类的历史上，奴隶交易也发生过，与人类相比，蚂蚁则更加直接，没有买卖，只有抢夺。蚂蚁虽说是明抢，但还是讲究策略的。通常，抢夺奴隶分两步走。第一步，单兵侦察。蓄奴蚁先派一只蚂蚁去侦察附近哪里有其他蚂蚁的巢穴，了解周围的环境，做好路线、目标标记。第二步，大军扫荡。蓄奴蚁派出大部队，循着侦察时标记好的路线，大举进攻，疯狂掠夺。这里有两个有趣的点值得细细说道。其一，蓄奴蚁找到目标之后，是怎样"导航"着大队人马找到目标巢穴的？其二，大部队疯狂掠夺奴隶的时候，有没有对奴隶进行选择？

战斗前的战略侦察

先来谈谈第一个问题。几乎所有动物的身体里都能分泌出一些可扩散到外部环境中去的化学物质，这些化学物质具有挥发性。所谓的挥发性，是指组成这些化学物质的基本粒子之间的相互吸引力很小，这些粒子很容易脱离原来的"团队"，扩散到空气中去，再借助空气的流动传播到更远的地方。我们把这些物质叫作信息素（Pheromone）。

信息素有什么作用呢？它们可以在同种物种之间传递讯息，就像眼睛可以看到视觉信号、耳朵可以听到听觉信号、鼻子可以闻到嗅觉信号、舌头可以尝到味觉信号一样，这些信息素被动物的嗅觉器官感受到之后，会导致动物行为上或生理上的发生。蚂蚁的嗅觉器官是其头上的触角，不管是食物散发的气味分子，还是蚂蚁散发的信息素，蚂蚁都是用触角去感知的，所以你经常能发现蚂蚁一边觅食一边用触角探察的样子。

大多数蚂蚁侦察兵正是通过分泌信息素来标记路线的，大部队循着信息素路标就能顺利到达掠夺地点。不过，大自然中总是存在着许多特殊情况，特殊情况之下自然不能用老办法来对待。

原蚁属的侦察兵并不用信息素来做标记，为什么呢？因为它们的掠夺发生在初夏，当地地表温度可以达到30℃，信息素在这样的温度下，很容易在短时间内迅速挥发掉，那就相当于抹去了标志路牌。那该怎么办呢？方法很给力。原蚁属的蚂蚁采用了成体搬运和蚁链接力的方式带领大部队进行掠夺。

所谓成体搬运，就是侦察兵蚂蚁先搬运大本营中的一只成年蚂蚁到侦察好的蚁巢周围，然后再搬运其他蚂蚁。大本营中的蚂蚁不需要认路，因为它们是被认识路的侦察兵直接搬运过去作战的。蚁链接力则是以蚂蚁串成的链条为路标，使得大部队能顺利找到要攻打的蚁巢。你如果见过洪水暴发时士兵们站成一排，一个接一个地传递抗洪抢险物资的场景，就会明白我说的是怎么一回事了。不过这种方法效率不是那么高，被掠夺的原蚁属蚂蚁常常有机会逃脱，因而它们还有重新繁衍的可能。

座头鲸的双面生活

19

上述这两种方法和下面"擒贼先擒王""一锅端"的妙计比起来，就实在是太逊色了。欧洲有一种蓄奴蚁，在接到侦察兵的情报后，蚁后会亲自率兵前往，对方黑蚂蚁见大敌当前自然奋起反抗，包围蓄奴蚁蚁后。此时，这位蚁后却突然倒地毙命，黑蚂蚁们便抬着蚁后尸体进巢穴，向自己的蚁后报功。岂料蓄奴蚁蚁后不过是诈死，待到黑蚂蚁蚁后孤身一人时，便将其杀死，并把黑蚂蚁蚁后身上的信息素涂抹到自己的身上，借此假传"圣旨"，于是战斗停止，黑蚂蚁归顺篡位的蓄奴蚁蚁后——它们只认信息素，不认蚁后，心甘情愿地当起了奴隶。蓄奴蚁蚁后的这一招诈死真是绝妙，连别家的巢穴也一并侵占了。

抢奴隶有选择

第二个问题是关于奴隶的选择。

就像人们领养孩子的时候会尽量选择年龄小的孩子一样，蓄奴蚁在选择奴隶的时候，也会从娃娃——蚂蚁的幼虫或者蛹抓起。蛹的数量惊人，一个蚁巢一个季度掠夺的蛹数量超过一万四千个。一方面，幼虫和蛹的活动能力有限，即使有反抗也不会那么激烈，因此抢起来比较方便；另一方面，幼虫和蛹比成虫更难以区别自己人和敌人，更容易乖乖地当奴隶。不过圆颚切叶蚁会掠夺成年蚂蚁作为自己的奴隶。

有奴隶侍奉的日子，奴隶主显得特别悠闲。一般而言，每个奴隶主都由三只奴隶侍奉着：一只嚼烂食物喂它，一只替它梳洗（奴隶主的唾液腺已萎缩），一只帮它清除排泄物，否则排泄物堆积太多会腐蚀甲壳。那你要问了：蓄奴蚁的生活也太腐败了，它们怎么连基本生活都不能自理了？事实上，不同的奴隶和奴隶主之间的依赖关系有深有浅。比如，搬家的时候，同为奴隶主，血蚁会把奴隶蚁顶在颚间搬走，而红褐蚁则等着奴隶蚁把自己搬走。再比如，科学家做过这样的实验：移走血红林蚁巢穴中的奴隶蚁，三十天内血红林蚁行为大变，它们可以独立抚育后代；而红牧蚁离开了奴隶蚁则无法自食其力，会遭遇重大死亡，所以对于这些凶狠的战士而言，最可悲的命运就是被奴隶弃置不顾，如果它们不能及时寻找到新的征服目标，就难逃死亡的命运，实在是很讽刺。

非常问

为什么说驯兽表演是不文明的行为？

　　在当今人类社会中，还存在着人与动物之间不自然、不文明的奴役关系，而且还披着一层欢乐的外衣——没错，我说的正是马戏团中的动物表演，这些表演看似热闹、好玩，但背后却是动物奴隶的血泪史。从最初的捕捉开始，这就注定是一场血淋淋的惨剧。为了捕捉幼兽以便于训练，盗猎分子往往会将幼兽周围的成年个体一并杀害。从小失去亲人护佑的动物，注定一生充满苦难。马戏团的训练十分残酷，基本秉持着以暴力制服的原则，比如剥夺饮食、棍棒抽打、行动限制等等，彻底踩躏动物与生俱来的意志，甚至将它们终身囚禁。对于那些本该在广袤天地自由奔跑和飞翔的动物来说，这种囚禁格外痛苦，它们经常精神崩溃。马戏团还会有辗转巡回演出的情况，这对动物来说又是一种难挨的折磨，颠簸的路途，恶劣的生活环境，都有可能极大地影响它们的身心健康。

现在，越来越多的人加入到反对动物表演的队伍中来了。

娱乐本身并没有错，但这种将自己的快乐建筑在其他生命的痛苦之上的娱乐，绝对不是一种健康的娱乐。相对于观看动物表演，人们更应该追求高雅的娱乐，正如古希腊哲学家柏拉图所认为的那样："高雅的愉悦活动，不但有助于身心的和谐，更可以作为向善的途径。"

糖果屋
——寄生虫的幸福生活

《格林童话》里有一篇文章，提到了在森林的深处有一幢特别的房子——墙是用香喷喷的面包做的，房顶是用厚厚的蛋糕铺成的，窗户是用明亮的糖块镶嵌的。虽然这幢糖果屋是女巫为引诱别人上钩而设计的陷阱，但还是引得很多读者心生向往——住在糖果屋里，那真是吃货的终极梦想，美味唾手可得！

大自然里，还真有不少这样的生物，它们一生总有或长或短的时光，就住在美食之上，甚至深陷美食之中。它们不用像猎豹那样去辛苦伏击，也不用像狮子那样去群起围猎，它们要做的，就是找到最适合自己口味的糖果屋——这些糖果屋可真是大不相同！

粪球上的糖果屋

蜣螂，俗称"屎壳郎"，大家都听过它们的故事，这些黑色的甲虫口味独特，对粪便情有独钟。它们以食草类哺乳动物

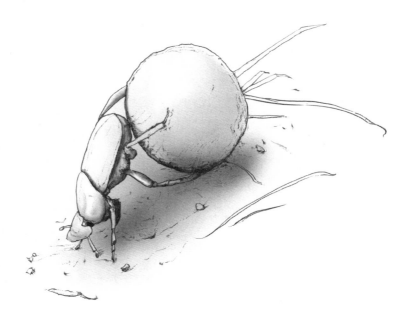

的粪便为美味佳肴，寻一坨新鲜的粪便，切一块适合的大小，搓着搓着就搓出一个粪球来，推着粪球回自己的洞穴。雌性屎壳郎更是把卵产在粪球里，它们可真是为子女着想的好母亲，这样一来，小屎壳郎一孵化出来，就可以以粪球为食，可不就是住在糖果屋里嘛！

有人说，粪便有什么好吃的呀！不要忘了，粪便的主要成分是经过了动物的消化道而没有被消化吸收的食物残渣——草叶并不容易消化，食草动物的粪便中其实还有不少营养成分，所以屎壳郎以粪为食，二次利用，也并不稀奇。

关于屎壳郎还有一则逸事。澳大利亚畜牧业发达，奶牛成千上万，每天都要产生好几亿个粪堆。澳大利亚有 350 余种屎壳郎，可惜本土的屎壳郎更偏爱质地较硬的袋鼠粪，牛粪不太合它们的胃口。这可急坏了科学家们，牛粪堆积如山，滋生了众多的苍蝇，苍蝇可是叮了粪后接着又飞落到餐桌上的令人讨厌的家伙，它们不仅听起来恶心，还会传播疾病，怎么办呢？外来的和尚会念经，1978 年，澳大利亚特意从中国进口了 10 万只爱吃牛粪的屎壳郎，它们倒也不挑食，在澳大利亚踏实地做起了"清道夫"，不仅清了牛粪，还间接消灭了不少苍蝇。

有生命的糖果屋

屎壳郎的糖果屋可以说是废物利用，虽然是新鲜的粪便，但和下面我要提到的糖果屋相比，真是逊色不少。哦，什么东西够新鲜呢？哈哈，没有什么比还活着的动物更新鲜的啦！且不说那些寄生在哺乳动物体内的蛔虫、血吸虫、疟原虫、绦虫，我们来看看另一类厉害角色，江湖上流传着关于它们不同寻常的技能的传说，它们有一个共同的名字——寄生蜂。

寄生蜂在产卵期间，会煞费苦心地为后代寻找合适的糖果屋。比如，赤眼蜂找到了昆虫的卵，马尼蜂找到了昆虫的幼虫，金小蜂找到了昆虫的茧，小茧蜂甚至找到了昆虫的成虫。昆虫生活的各个阶段，都有可能成为寄生蜂的攻击目标，而好好的虫体就在不知不觉中变成了寄生蜂幼虫的糖果屋。被寄生的被称作"寄主"，虽然担着一个"主"的名，却实实在在地摊上了"奴"的命。

有些寄生蜂会把卵产在寄主的身体表面，那么寄生蜂就会面临一个很大的问题，它们必须想办法让寄主动弹不得，否则寄主可能会压坏或咬死它们的卵，就像一只小虫子落在你身上，你也会挥挥手把它弹开。要让活物动弹不得，最好的方法就是使用"麻醉剂"——给寄主注射毒液使其瘫痪。寄生蜂的产卵管在刺入寄主时，首先注射毒液麻痹寄主，然后再产卵。但即便此时寄主行动变得迟缓甚至一动不动，也还会有风险，因为寄主很容易成为其他动物的猎物，体表的寄生蜂卵也有遭遇不测的危险。所以，寄生蜂如果想把卵产在寄主体表，通常会选择生活在隐蔽处的寄主，比如藏身于树木孔道中的毛毛虫。

趋背姬蜂的幼虫需要寄生在大树蜂幼虫的身体表面才能生长发育，而大树蜂幼虫住在松树树干里面。对于趋背姬蜂来说，它们首先要掌握的技能是寻找大树蜂幼虫。虽然大树蜂幼虫深藏于树干中，但它们的粪便排在松树之外，这便暴露了踪迹，趋背姬蜂循着气味就杀上门来，找到猎物。

趋背姬蜂要把产卵器插到树干里，也不是个容易的差事，好在"咱有金刚钻，敢揽瓷器活儿"。趋背姬蜂把四五厘米长的产卵器的带有锉状纹路的末端顶在树干上，利用腹部的力量扭转产卵器，慢慢钻进木材里，抵达寄主体表。

这还不算大功告成，卵要通过这细细的产卵器还要花费一番功夫，因为卵的直径比产卵器内径要长，所以在通过产卵器的时候，卵要变形成长条形，等到达寄主体表后又恢复成卵圆形。

经历了这一番奋斗之后，趋背姬蜂的幼虫终于拥有了自己专属的糖果屋，它们等到孵化出来，就可以毫不费力地享用大餐了。而且这大餐不仅味道鲜美，量也是足足的。令人拍案叫绝的是，姬蜂幼虫会优先食用寄主身体中不那么重要的部分，即寄主不仅不会立刻毙命，还能保持鲜活，甚至被吃空了大半还依然活着，虽然对寄主来说这个过程太过残酷，但对于姬蜂幼虫来说却是上上策——常常能享用新鲜的肉食，这种保鲜方式瞬间使人类的冰箱或罐头黯然无光。

以上描述的幸福生活，其实也并不是那么保险。我们常说"螳螂捕蝉，黄雀在后"，有一种喜欢投机取巧的姬蜂非常善于伺机而动，它们自己没有钻木的本领，但瞅准了趋背姬蜂产完卵离开后，它们趁机把自己更为细长的产卵器插进前人辛苦钻好的洞里，也把卵产在大树蜂幼虫身上。你不要以为它们只是窃取别人的劳动成果这么简单，更可恨的是，小偷的幼虫孵化出来后大行强盗之彪悍，它们的嘴巴更大，会将先入住的趋背姬蜂的幼虫咬死，独占糖果屋。

如果觉得藏在树干里的糖果屋找起来太麻烦，还有一类蜘蛛姬蜂是非常有技巧的。它们的目标是蜘蛛，它们选择产卵的具体部位非常讲究。它们突袭蜘蛛时，首先刺蜇蜘蛛脚的基部，暂时将蜘蛛麻醉，然后迅速在蜘蛛胸部或腹部的腹面产卵一枚，这个部位非常关键，因为蜘蛛恢复知觉后也无法用脚抠到蜂卵，只能坐以待毙。

以上介绍的都是外寄生，即寄生在寄主的体表，其安全性往往较低。更厉害的寄生蜂会把卵直接产在寄主体内，那便是真正住在糖果屋里了，这叫内寄生。

比如先前提到的金小蜂，它们会把卵产到红铃虫的茧内。它们的产卵器比针还细，直接戳进蛹内，茧中之虫拼命挣扎也奈何不了，这是作茧自缚的结果。有趣的是，灭了寄主之后，金小蜂并不急于产卵，它们会用产卵器搅动，直到产卵器周围分泌出乳白色半透明的胶液，形成直通蛹体内的细管——准确地说是吸管——它们才拔出产卵器，用口器挨着吸管，享用一顿体液大餐。之后，它们才开始产卵，孵化后七八天，幼虫即可破茧飞出。

寄生蜂的世界里，最残酷的莫过于寄生复寄生——重寄生。比如，烟蚜茧蜂寄生在烟蚜上，而烟蚜茧蜂幼虫又被蚜虫宽缘金小蜂所寄生，所以蚜虫宽缘金小蜂又被称为"烟蚜重寄生蜂"。好吧，这一串读下来你大概已经被绕晕了，没有关系，你只要知道生物的世界充满着无声的争斗，每一种生活方式都有其风险，而糖果屋也不仅仅是看上去那么美好就好了。

最后友情提示：寄生蜂并不是真正的寄生虫，只是处于一种拟寄生的状态。这是什么意思呢？你看，不管寄生蜂是怎样寄生，最终它们的后代都会杀死寄主；而真正的寄生虫，更多地只是从寄主那里获得优渥的生活环境，并无致死寄主的理由。

非常问

寄生在人体肠道里的
寄生虫有什么特别本领吗?

寄生虫为了适应寄生生活会发展出特别的器官,尤其是高度适应寄生生活的绦虫一族。比如,绦虫长得又扁又长,像一截鞋带,以适应在细长的肠道里的生活。猪肉绦虫的头节带钩和吸盘,帮助它们牢牢地附着在肠道内壁。猪肉绦虫没有口和消化道,靠体壁吸收营养,你可以想象,它们生活在人体肠道里,等于直接浸浴在寄主半消化的食物中,这里有它们需要的各种营养物质,比如氨基酸、糖类、脂肪酸、维生素等等,而且绦虫体壁遍布微毛,大大增加了营养吸收面积。它们体壁皮层细胞可以分泌抑制寄主消化酶起作用的物质,从而避免自身被寄主的消化液破坏。

与消化系统退而无踪形成鲜明对比的是,绦虫具有极度发达的生殖系统。1条牛肉绦虫在10周内可从1个受精卵生长至2米长,受感染者开始并无感觉,数周后发现大便里含有会动的虫体节,每个虫体节可含5万个受精卵!总结起来,绦虫的策略就是:留在肠道里,贪婪吸收,拼命繁殖。

速度与激情
——猎豹的无敌与无奈

猎豹，背部浅黄，腹部泛白，黑色的实心斑点布满全身，以矫健的身姿和闪电般的速度闻名于非洲大草原。它们从嘴角向上有一道黑色的条纹延伸至眼角，凭着这个特征，我们就可以区别猎豹和其他种类的豹了，不会再傻傻分不清楚。猎豹被冠为"短跑冲刺王"，被誉为"非洲大草原上威风凛凛的猎手"，它们究竟能跑多快？又是什么样的身体结构造就了它们？

王者的脊梁

猎豹的身材苗条，四肢修长，看上去就像青铜雕像一般有型。然而，这种苗条绝不是消瘦，而是健美，没有堆积的多余脂肪形成阻碍猎豹高速运动的赘肉。猎豹的脊椎骨相对而言十分柔软，脊椎骨就是贯穿我们背部中间的一节一节骨头，又叫"脊椎"。

所有的脊椎动物都有脊椎，包括鱼类、两栖类（比如青蛙、癞蛤蟆）、爬行类（比如乌龟、蟒蛇）、鸟类（比如鹦鹉、鸵鸟）、哺乳类（比如人类、猎豹）。你一定记得红烧鲫鱼被吃完后剩下的那根长长的鱼骨。脊椎支撑起我们身体的躯干部分，保护着我们的中枢神经系统——神经信号传递的中央干道。我们经常听到老人家说："我老啦，骨头硬啦，腰也弯不下去了，行动也不方便了。"这句话其实就隐含着脊椎柔韧性对运动的影响。猎豹的脊椎十分柔软，容易弯曲，因而保证了它们奔跑时的灵活性。如果你看过猎豹捕食的视频，你一定会注意到它们柔软、顺滑的脊背向下凹陷的优美线条。这样的脊椎就像一根弹力十足的大弹簧，为它们的奔跑提供了充足的动力。

　　不过，光靠脊椎这一根大弹簧还远远不够，猎豹修长的四肢亦是奔跑的利器，奔跑时四肢交替地集中在腹下大幅度地向前后伸展开，形成了巨大的步幅（步子的跨度）。尤其是两个强壮有力的后肢，也像是一对伸缩性能绝佳的强力弹簧，提供了奔跑的驱动力。另外，猎豹不仅步幅巨大，加速时还能增加每秒的步伐数。当以9米／秒的速度"慢跑"时，猎豹每秒跨2.4步；当加速到17.8米／秒后，每秒步数则增加到3.2步。猎豹的爪子也有特点，它不像其他猫科动物那样可以收缩，而且脚上的肉掌也较硬，但这种短而钝的爪子抓地效果很好，硬实的肉掌也像轮胎的纹路一样有助于防滑。

　　这样的脊椎和四肢"弹簧"配置保证了速度，同时猎豹还得感谢尾巴带来的灵活性。猎豹的尾巴上也有帅气的豹纹黑斑，但从尾巴末端往上，大约占整条尾巴1/3的部分，则是黑色

的环形纹路。这尾巴长得好看还是其次，十分好用才是正理。猎豹在捕食猎物时，往往并不是直线追击就可以，绝大多数情况下，食草动物并不会傻傻地沿直线奔跑，去与猎豹拼速度——那简直是找死。它们会左突右跳，企图用曲折的、出乎意料的运动方向摆脱猎手。然而，这样频频的变向并不会让我们出色的猎手手足无措，猎豹刚健的尾巴使得它们在急转弯时依然能够完美地保持身体平衡。猎豹身躯长 1 米～1.5 米，尾长则达到了 0.6 米～0.8 米，比身躯的一半还长。这根尾巴可不是皮包骨头，而是充满肌肉，乃转向、平衡、稳定之良器，实在不是白长的。

猎豹在外形上，还有一点有利于奔跑的因素，常常被我们忽视，那就是它们精致的头颅——它几乎以一种过分低调的尺寸存在。对比一下雄性猎豹和雄狮的外形，我们就会对猎豹小巧的头颅有鲜明的印象。不难想象，一个大号脑袋，再加上浓密的鬃毛，该有多妨碍雄狮奔跑啊，光是那招风增阻的大脸盘就让它累得够呛。当然，雄狮拼的不是速度，美丽的大脑袋为它赢得雌狮的青睐，自然有由"娘子团"组成的狩猎队伍集体出动捕食，所以它并不需要为大脑袋担心。而猎豹这种依靠速度独闯天下的动物，小巧的脑袋成就了整个流线型的身体，将奔跑时的空气阻力降到了最低。在小尺寸的脑袋上，猎豹平坦的面部保证了一双大眼睛拥有开阔的视角，宽大的鼻孔和鼻腔则使呼吸更加顺畅，能够及时为细胞提供氧气。

除了外形，猎豹体内还配备了强有力的心脏和粗壮的动脉，每分钟能输送高达 16 升的血液，不到 20 秒就能将血液送到全身各处。

猎手的无奈

听上去，大自然真是给了猎豹得天独厚的先天条件，然而我们伟大的猎手在草原上的日子不仅离"所向披靡""称心如意"相距甚远，而且简直堪称"艰难困苦"。何以如此呢？

要解开这个谜团，我们首先要搞清楚，猎豹究竟能跑多快。对于这个问题，众说纷纭，大多数的网上数据支持猎豹时速可以达到 110 千米，换算下来，大约为每秒 30.6 米。我查到的文献称，成年猎豹在已启动的状态下，在 201.2 米的距离内，

3 次测速平均下来达到 29 米／秒，跟网上流传的数据是很接近的。那么，29 米／秒是什么概念呢？目前世界上跑得最快的男子，牙买加的尤塞恩·博尔特，在 2009 年 8 月 16 日的柏林田径世界锦标赛 100 米决赛中创造了新的世界纪录，成绩是 9.58 秒，而猎豹在这个时间内，早已奔驰到 200 米开外了！《动物星球》节目资料指出，野生猎豹 100 米直线最少用时曾达 5.13 秒，大约是博尔特的 0.54 倍；在美国辛辛那提动物园，人工饲养的猎豹莎拉在 2012 年的实验中创下用时 5.95 秒跑完 100 米的佳绩，成为人工饲养的猎豹最快纪录保持者。

　　但是大家千万不要忘了，博尔特不可能用百米飞人的速度去跑马拉松，猎豹也一样。博尔特和猎豹都是短跑健将，在长距离的运动中，这种惊人的速度是无法维持的。事实上，这正是猎豹面临的窘境之一。它们以 100 千米以上的时速追击猎物，只能维持 3 分钟～ 5 分钟，而且各种变向、转弯使得这样的速度也并非能保持狩猎全程，通常它们狩猎奔跑的距离仅为 350 米～ 550 米。我们在电视纪录片中经常看到猎豹迅猛的追捕，然而它们往往持续了不长的一段时间就停下了脚步，任由猎物逃窜。不要轻易断言猎豹是一种没有意志力的动物，它们实在是不得不刹车。

　　动物高速的运动依赖于肌肉的剧烈收缩，而这肌肉收缩是需要能量的，提供能量的动力来源于在细胞内进行的呼吸作用。什么是细胞内的呼吸作用呢？它指的是细胞内的营养物质，比如糖分、脂肪酸，在各种酶的作用下与氧气产生化学反应，把能量释放出来，推动肌肉的收缩。可是，剧烈运动需要的能量是十分巨大的，能量消耗的速度也非常快，动物如果不能及时地给呼吸系统输送氧气，细胞就会进行无氧呼吸，产生较少的能量，同时产生大量的乳酸，而这乳酸对身体而言是一种危害和负担。大家在短跑结束后，会觉得腿部酸胀，就是乳酸干的好事。与此同时，呼吸系统也来不及将二氧化碳排出体外，这也是对身体不利的。还有，无论是有氧呼吸还是无氧呼吸，在呼吸过程中，营养物质都只有一小部分被转化成推动肌肉收缩的能量，而绝大部分都会变成热量积聚在体内。如果不能把这能量迅速排出去，猎豹就会因为体温过高衰竭而亡！所以，如果短距离、短时间的追捕未能成功，猎豹只能忍痛割爱。

对于猎豹妈妈而言，生活更是异常艰难。雌性猎豹独自养育后代，2/3 的小猎豹都会因饥饿而死，或沦为狮子、鬣狗的食物。唯有草原雨季的到来，才能带来丰富的草食动物，为小猎豹的生存带来希望。

所以，猎豹的速度与激情都是短时间内的绚烂，它们虽然在速度上是无敌的，但是面对草原生活的种种艰辛，还是显得非常无奈。人类活动对猎豹生活环境的逼迫也是日益严重，猎豹在有限生存空间里进行近亲繁殖的可能性增加，抗病力减弱，其生存危机不容忽视。我们必须采取措施，谁忍心看到这么优美的动物从地球上消失呢？！

猎豹在草原上为什么
不能随心所欲地过日子？

　　我们刚才分析猎豹的身体结构时也发现，猎豹其实是精瘦精瘦的猫科动物。它的爪子短而钝，显然不是厮杀的利器；它为了速度而生的小脑袋，相应只有小尺寸的上下颌，因此也装不下大牙齿，尽管牙齿锋利，却很短小，整体咬合力也很有限。这些身体特点，在造就了猎豹成为"短跑之王"的同时，也注定了它们打斗能力奇弱无比，根本无法同狮子、鬣狗抢夺食物，甚至要时时警惕这些草原邻居的不怀好意。

　　是的，这些打斗能手给猎豹的草原生活制造了又一窘境。比如鬣狗，这种喜欢集体行动的动物经常觊觎猎豹的捕猎成果。猎豹成功捕猎一次，体能消耗极大，在捕食之后往往要花上十几分钟把气喘匀。在调整呼气、恢复体力的这段时间，猎豹是无法进食的。不仅如此，这段时间猎豹还十分容易遭到攻击，有时是鬣狗对猎物的争夺，有时甚至是鬣狗针对猎豹本身的袭击。所以，猎豹捕食后，都会一边喘粗气，一边用上下颌用力咬住猎物的喉部，把猎物拖到草深处隐蔽起来，或者费力地往树上拽。这样做，既是等待猎物死亡，也是尽快将猎物转移到安全地点。进食的时候，猎豹行动迅速，并不时地蹲下、站起，伸长脖子四处张望，转动耳朵，仔细聆听。有时候，实在无法摆脱鬣狗的骚扰，猎豹在吃饱的情况下也会主动离开。一来鬣狗那能咬碎骨头的牙齿并不好惹，二来非洲毒辣的阳光半小时内就可能使肉食变质，而猎豹只钟情于新鲜的肉食，吃饱了自然就不再跟鬣狗计较。只可气你听那鬣狗发出的叫声，怎么听里面都有股奸邪、嘲讽的味道。

吃以及呕出来再吃
——麋鹿的慵懒生活

在那江苏省内黄海边上

有一群麋鹿

它们腿长角美丽，它们胃多吃不停

它们自由自在地生活在那绿色的保护区

它们善良勇敢、相互关心

哦，可爱的麋鹿群

哦，可爱的麋鹿群

它们边走边吃，吃饱卧倒，呕出来再嚼嚼

它们生活慵懒、快乐、多欢欣

上面这一段，请大家自动配上动画片《蓝精灵》的主题曲的曲调，欢乐地唱出来，这样你就认识了一种有趣的动物——麋鹿。

吃、吃、吃，迈着修长的腿，一边走一边不停地吃；嚼、嚼、嚼，鼓动着腮帮子，趴在那儿悠闲地嚼。我描述的并不是你吃零食的情景，而是自然保护区内麋鹿的慵懒生活。这种滋润生活有个听上去挺恶心的细节：它们会把吃下去的草料呕出来，再返回到嘴巴里嚼！哦，你能想象出这么恶心的做法吗？至少你不会这么做。

咀嚼呕吐物

谁会这么做呢？除了上面提到的麋鹿，还有很多动物会把吃下去的东西呕出来再返回到嘴巴里嚼嚼，然后再吞下去，这种行为叫作反刍，这一类动物在分类学上属于有蹄类亚目当中的反刍亚目。对于有蹄类，大家其实并不陌生，就是趾端长有角质蹄的那一群，像马、犀牛、猪、河马、骆驼、鹿、牛、羊等，都是这个目中的一员，它们体形较大，多数四肢细长，当然这里的"多数"不包括腿短小的犀牛、猪、河马。反刍亚目包括各种牛、各种羊、各种鹿、各种麝。

为什么这些动物要反刍呢？反刍有什么好处吗？它们的消化系统是不是有什么独特之处呢？

反刍动物都是草食性动物，换句话说，它们都是以草叶为主食的家伙。草叶当中富含纤维素，这种东西可不好消化。所谓消化，就是吃进我们肚子里的食物要被咬碎或磨碎，然后再混合上各种不同的消化液和消化酶，利用机械的和化学的方法，把食物从大变小，从大分子变成组成大分子的小分子。这就像

座头鲸的双面生活

39

你要砌墙又没有现成的砖头，你只能把一堵旧墙拆掉，再按你的需要把拆下来的一块一块砖头重新砌成一堵新墙。这里，"旧墙"就是食物大分子，比如蛋白质、脂肪、淀粉等；"砖头"就是大分子被分解后的小分子单位，比如氨基酸、脂肪酸、葡萄糖等；"新墙"就是你身体里需要的大分子，比如蛋白质、脂肪、糖原等。细心的你肯定发现一个问题，为什么不能直接用"旧墙"呢？为什么要拆了再砌呢？因为食物大分子太大了，它们只有变成小分子才能被你的小肠吸收，进入肠壁细胞，然后进入附近的毛细血管，然后由血管这条"高速公路"带到你身体各个部位的细胞中，再由这些独立的"小工厂"把小分子的物质根据你身体的需求重新组装成大分子的物质。

好，前面我们说植物中大量的纤维素其实是很不好消化的东西，因为我们身体里没有相应的消化酶可以把它分解成小分子进行吸收，所以我们每天吃的蔬菜中的纤维素部分，其实会随着粪便排出体外，虽然不会被吸收，但可以有效防止便秘。不过对于以草叶为主食的反刍动物来说，可不能这么轻易地放过大量的纤维素，这可是极大的浪费！

拆解纤维素的小伙伴

不幸的是，这些反刍动物自身也并不能制造纤维素消化酶，但不要紧，它们的胃里有超级棒的小伙伴——大量的微生物。

肠　　　瓣胃
食道
皱胃　瘤胃　网胃

这些小伙伴可以分泌出纤维素消化酶，于是纤维素也可以被消化、吸收、再利用了。至此，我们可以来看看反刍动物的胃了。

如果说我们的胃是"朴素单间"，那么反刍动物的胃就是"豪华套房"。通常，反刍动物的胃包含4个相通的隔室，它们从前到后分别叫作瘤胃、网胃、瓣胃、皱胃。前3个隔室合称"前胃"，它们最大的特点是，不分泌胃液（即由水、盐酸、消化酶等组成的混合液体，可用于消化食物），草草嚼了两口就吞下的食物可以在此贮存。前面提到的微生物好伙伴就住在瘤胃和网胃里，这些微生物分泌的消化酶在草叶上进行发酵，而形成的食团可以被呕回来再返回到口中咀嚼，再次被牙齿磨碎并与唾液混合。这样的混合物又一次被吞到胃里，而瓣胃的作用在于其叶片状结构（好吃的牛百叶其实就是这部分）可以把食糜挤压成更细碎的形状，以便在皱胃中进一步消化。最后一个胃室即皱胃，相当于我们身体里那个单间的胃，因为皱胃的胃壁上有真正的胃腺，可分泌胃液，其消化作用和单胃动物相同。

微生物小伙伴非常厉害，不仅可以消化纤维素，分解蛋白质、合成维生素也不在话下。不过，这里还有一个令它们忧伤的事实，其实随着食物从胃进入小肠，部分微生物也会随之进入，结果这些小伙伴自身也有可能作为食物被反刍动物的小肠消化吸收。尽管有这样的风险，但从整个种群的角度看，微生物住在反刍动物的胃里还是一件划算的事情，为什么呢？这可是"豪华套房"啊——瘤胃内有丰富的食物，适宜而稳定的温度、湿度、酸碱度、氧气含量等，这样的条件很适合微生物的生存和繁殖。所以，其实反刍动物和胃内的微生物的关系是生物在进化过程中适应环境的表现，是一种互利互惠的共生关系。

　　自然界中最耐人寻味的一点在于规律之下总是存在例外。哺乳纲灵长目动物中的长鼻猴虽然不属于反刍亚目，但是却能够反刍。长鼻猴生活在亚洲东南部的加里曼丹岛上，它们的食物中有很大一部分是植物的叶子，它们的胃中也存在大量微生物，帮助它们消化纤维素，甚至还能分解某些毒素。事实上，它们进化出反刍行为正是对它们食谱中富含纤维素这一特点的一种适应。

反刍动物通过反刍增加了对植物纤维的利用效率，那么只有单胃的草食性动物要怎么消化植物纤维呢？

非反刍草食类动物，如马和兔，它们主要靠上唇和门齿采食植物，靠白齿磨碎植物，咀嚼时间越长，唾液分泌就越多，草料就越发湿润、松软、膨胀，越有利于胃部的消化。但马和兔都只有单胃，胃的容积也不大，并不能有效地消化大量粗纤维，这些植物纤维之后会通过小肠进入盲肠和结肠。

马和兔都有非常发达的盲肠和结肠，比如马的盲肠容积可达 32 升～37 升，约占消化道容积的 16%，食糜在马的盲肠和结肠中滞留时间长达 72 小时，粗纤维会在这里被消化吸收。你没有猜错，这里驻扎着众多的微生物小伙伴，同反刍动物胃里的微生物类似，它们分泌消化酶来分解粗纤维，40%～50% 的粗纤维会被微生物发酵，分解为挥发性脂肪酸、氨和二氧化碳，营养物质由大肠吸收后参与体内代谢。而兔的盲肠和结肠有明显的蠕动与逆蠕动，这种物理性的挤压保证了盲肠和结肠内微生物对食物残渣中的粗纤维进行充分消化。

跟着大佬有虫吃
——鹿后有鹭

广阔的草场上，一群麋鹿正在专心致志地吃草，走走停停，边走边吃。它们不是这草场上唯一的用餐者，很多麋鹿的身后都跟着一只具有橘黄色头颈、雪白羽翼的鸟，它们也在走走停停，时不时伸缩脖子在草丛里啄食着什么，偶尔又快走几步跟上前面的麋鹿。这些和麋鹿一起进餐的鸟，叫作牛背鹭。

牛背鹭的名字很有趣，因为起初人们发现，它们总是跟牛形影不离，经常站在牛背上，呈现出一派和谐的田园景象。后来人们发现，不只是牛，牛背鹭还会跟着羊、鹿、斑马等有蹄类食草动物。为什么牛背鹭要跟在这些大家伙后面呢？因为跟着老大有虫吃！

追着餐桌吃虫子

麋鹿在不停行走吃草的过程中，步伐会惊起所到之处草丛里的虫子。对于鸟类来说，这样一来，敏锐的视力可以帮助它

们更加轻松地捕捉到运动的虫子，捕食的成功率会大大提高，这比它们自个儿闷头在草丛里寻找潜伏的虫子要省力得多。以前有种说法，人们把牛背鹭比拟成白衣天使，认为它们在有蹄类旁边，是为了捕捉有蹄类身上的寄生虫，像医生给病人看病一样。这样的说法总是让我们以为牛背鹭是个无私奉献的天使，但事实上，动物世界里游戏规则的制定，最基本的还是从有利于自身存活出发的。

对麋鹿和牛背鹭的观察研究发现，牛背鹭虽然也会跳起来去啄麋鹿身上的蚊虫，但这样的情况并不会经常出现，而且不像描述中的那般和谐。牛背鹭偶尔的"行医"，麋鹿一般并不领情，反而会因为被打扰而抖抖身子或踢踢腿，试图赶走牛背鹭，并不享受"医疗清洁"服务。牛背鹭绝大多数时候还是小心翼翼地跟在麋鹿大佬后面乖乖做小弟，捡便宜。

这样看来，毫无疑问，牛背鹭跟着麋鹿主要就是为了解决自己的吃饭问题，这种"蹭油水"的行为事实上还会或多或少地打扰麋鹿享用美食。难道牛背鹭的存在对麋鹿而言就没有任何好处吗？麋鹿怎么会心甘情愿被尾随呢？其实好处还是有的：鸟类生性机警，一有风吹草动，它们就能及时探知，及时发出警报，它们对麋鹿来说，倒是能起到"警卫员"的作用。不过话说回来，能够伤害牛背鹭的天敌，对麋鹿来说倒也未必会构成威胁，可是安全警报这种事情，还是要慎重一些、机敏一点儿，宁可错报，也不能漏报。对于牛背鹭来说，体形较大的麋鹿本身就像自己的保护伞。所以，二者一起觅食，在警戒作用上，倒是互相都获得了益处。

我们曾经在一个暑假长时间地观察麋鹿和牛背鹭之间的关系，发现了一些微妙的现象。

牛背鹭在跟着大佬蹭吃的时候，有没有选择性呢？麋鹿群里有成年鹿、幼鹿，有雄鹿、雌鹿，牛背鹭到底是随意选一头跟着走，还是需要斟酌呢？

进餐场地有讲究

大家可以想想看，牛背鹭跟着麋鹿觅食的目的非常明显，它们应该会选择最有利于它们达到觅食目的的麋鹿。这时候我们就要考虑，难道麋鹿自身有什么因素能导致跟随其后的牛背鹭收获有大有小吗？还真有！

牛背鹭迁徙到我们的研究地区（江苏大丰麋鹿自然保护区）是在每年的春夏二季，这段时间正好是麋鹿的繁殖季节。麋鹿的繁殖制度是"后宫制"，什么叫后宫制呢？大家看过清宫剧吗？一个皇帝的后宫里有众多的妃子，即一夫多妻制。所以在繁殖季节，雄鹿十分忙碌：它们要通过角斗角逐出数个鹿王，而鹿王要在这段时间守卫自己的后宫群——雄鹿要忙着圈群，所谓"圈群"，就是雄鹿圈圈赶赶，把雌鹿赶到一起形成后宫；要不停地在群里嗅母鹿的气味，寻找发情的母鹿进行交配；要提防其他的雄鹿与自己的母鹿偷情；还要警惕胆大包天的雄鹿随时公然的挑战。鹿王一心放在繁殖下一代上，总是快步巡逻，几乎很少进食，所以它们可不是牛背鹭理想的大佬。幼鹿呢？体形太小，无论是从惊起虫子的作用还是作为保护伞来说，都不怎么样。而且它们个性活泼，要么就是跑跑跳跳玩耍，要么就是趴在一处休息，老老实实边走边吃草的时候比较少，牛背鹭跟着它们收获也不会太理想。所以挑来选去，还是成年的雌鹿比较靠谱，它们虽然不及雄鹿那样大，但它们一天中的大部分时间都是在安静地进食，这种边走边吃的进食模式、不紧不慢的步伐节奏，使得它们不断惊飞潜伏在草丛中的各种昆虫，牛背鹭跟在它们后面不亦乐乎。而且雌性麋鹿相对来说更为温和，即便有牛背鹭啄食它们身上的昆虫，它们也不会有太过激烈的反应。

还有一个有趣的现象——

通常，一头麋鹿身后会跟着一只牛背鹭，但有时也会出现一头麋鹿周围有两只或更多的牛背鹭。往往两只牛背鹭会分布在麋鹿身边不同的位置，一前一后或一左一右，倒也能相安无事。但是，如果"一鹿一鹭"的模式已经持续了一段时间，那么后来的牛背鹭的突然加入会导致两只鸟之间的争斗。大多数情况下，原先就在的牛背鹭会赶走后来者，这多少有种先入为主的意思。

座头鲸的双面生活

49

非常问

每年三月份，江苏大丰麋鹿国家级自然保护区的工作人员都会人为纵火焚烧草地，这是为什么呢？

一方面，三月份正是新草即将发芽生长的季节，放火烧掉上一年的枯草，形成的草木灰其实是新生植物的绝佳肥料；另一方面，烧去枯草的同时，也能大量地消灭蜱虫。说起来在保护区里，麋鹿基本上没什么天敌，唯独这蜱虫能带来不大不小的麻烦。这里的蜱虫学名叫长角血蜱，从名字上就能判断出它们不是好惹的，它们可是会叮咬吸血的主儿。本来麋鹿被吸点儿血也不是什么大不了的事情，但架不住长角血蜱叮咬之后可能引起的过敏、溃疡或发炎等症状，更为严重的是蜱虫可携带多达83种病毒、14种细菌、32种原虫，这些搭乘着蜱虫的坏家伙会给麋鹿的生命带来很大的威胁。长角血蜱运动能力并不强，大多数时候只是默默地趴在草叶上，待麋鹿走进草丛时就趁机蹭到它们身上吸血。所以，在野外观察的时候，我们一定要穿长裤长袖，并且裤腿处要用绳子扎紧，以免被蜱虫钻了空子。

未雨绸缪
——动物的贮食行为

生物在世，总有遇上时运不济的时候，自然环境为众生提供了丰富的食物来源，但某时某刻某地，出现流年不利、食物紧缺也根本不是什么稀罕事。别的不说，温带地区的冬天就不那么好熬。那么当遭遇食物紧缺的时候，动物们要如何应付呢？其实倘若等到寒风凛冽、冬雪纷飞的时候再考虑这个问题，就已经迟了。动物们多是未雨绸缪的高手，秋风刚起、寒意未浓时，就开始忙碌起来，为即将到来的冬天收集食物。

勤快的小动物们

收集食物？你脑海中是不是出现了小松鼠挎着个小篮子在松林里捡摘松果的活泼画面？你一定会想，它们是那么惬意，那么愉快！哦，情况可没有那么简单，这里面充满了生存策略和智慧。什么情况下动物会贮食？收集什么样的食物？食物藏在哪里？是藏在一处还是分散多处？需不需要对食物预先处理

座头鲸的双面生活

51

一下？这些可都是动物们实实在在需要解决的问题呢。

什么情况下动物会贮食？

我们比较容易联想到的就是那些以植物籽实为食的鸟类和小型哺乳动物。秋天，绿色植物籽实成熟，为这些动物提供了充足的食物。然而，籽实成熟后可能会开裂、掉落，被其他动物吃掉、被虫蛀空、被霉菌附生等等，因而可利用的籽实在秋熟后其实会迅速减少。而在寒冷的北方冬季觅食，不仅本身就是一件成功率不高的事情，而且低气温带来的能量消耗又格外大，因此在环境季节性变化较大的中高纬度地区，动物贮食行为较为普遍。

大型肉食动物也存在贮食行为，因为它们捕获猎物的机会多少随时间、地点变化比较大，因此将吃剩的猎物巧妙地隐蔽起来，至少可以保证在短时期内的食物来源。

我们主要将关注的目光投向采集植物的小动物们。

收集什么样的食物才好呢？

这个问题就像你在春游、秋游的前一晚，也会认真想想第二天野餐带什么吃喝比较好一样。

贮藏佳品首选那些在一段时间内或经过处理后不容易变质的食物。设想辛辛苦苦贮藏的食物还没待吃就霉变、被虫蛀，小松鼠们该多伤心。所以，植物的籽实是非常常见的贮存对象，它含油脂多，能够给动物提供高能量，含水分少，可以贮存较长的时间。山杏种子、向日葵种子（葵花籽）、红松种子（松

座头鲸的双面生活

53

子）都是不错的选择。比如，社鼠面对辽东栎坚果和山杏种子时，会选择取食辽东栎坚果而贮藏山杏种子。因为栎类的坚果容易吸引昆虫或微生物寄生，一旦被寄生，极易腐烂，而山杏种子有坚硬的内果皮包裹种仁，很好地防止了被寄生的情形，因而贮藏价值更高，贮藏时间更长。

除了籽实，美味的浆果和蘑菇如果晒干了，也是可以长期贮存的。就像我们吃的新鲜荔枝、杨梅总是很难保鲜，但如果制成了荔枝干、蜜饯，就能长期享用了。植物的营养体，即植物的根、茎、叶，也会被一些动物贮存，比如生活在北美洛基山区的鼠兔，就在洞穴中堆积了许多晾干的青草。我们再想想俄罗斯寒冷冬天里的土豆烧牛肉，以及从前我国东北地区够吃一整个冬天的大白菜，土豆和大白菜不都是植物的茎、叶吗？！

下面进入重中之重——食物要怎么贮存呢？

食品仓库有讲究

分散贮食还是集中贮食，这是一个很让人纠结的问题。在较大范围内形成许多小的贮藏点被称为分散贮食。比如，沼泽山雀在每个树皮缝或苔藓下藏 1 粒种子，而加州星鸦在每个贮藏点埋藏 1 粒～ 14 粒坚果或种子，白足鼠的每个贮藏点有 25 粒～ 30 粒北美乔松种子。

分散贮食有什么好处呢？你大概听过这样一句谚语："别把你的鸡蛋都放在一个篮子里（Don't put all your eggs in one basket）。"分散贮食，也分散了食物被盗窃的风险。即使被小偷摸着了仓库A、B，至少还有仓库C、D、E、F、G呢！当然，分散贮食也有它的弊端，比如，仓库太多以至于自己都遗忘了，重新找回食物时要花费更多精力来回奔波，同时将会面临较大的被捕食风险和严酷的气候条件。试想一下，寒冬腊月还要出门，顶风冒雪地找回自己秋天埋藏在各处的食物，这好像也不是件愉快的事情。所以，分散贮藏食物是一种代价较大的选择，往往是那些无力保护集中贮藏食物的啮齿类动物所惯常采用的贮食策略。这便是"避免盗窃假说"（Pilfering-avoidance hypothesis）。

在另一种情形之下，分散贮藏可以使啮齿类动物快速而短暂地占据丰富的食物资源，什么情况呢？当食物资源呈斑块形分布，通俗地讲，就是东一处、西一处，又离动物的洞穴距离较远时，分散贮藏就比集中贮藏更为快捷。这便是"快速隔离假说"（Rapid sequestering hypothesis）。

相对而言，在某些贮藏点如洞穴或靠近洞穴处集中贮藏大量食物的方式被称为集中贮食，有些动物有几个贮藏点，有些只有一个集中的贮藏点。其实，分散贮食和集中贮食的划分并不是非常严格和绝对，对于同种动物来说，它们可能在不同的情况下采取不同的贮食方式。上面提到对食物的保护能力，保

座头鲸的双面生活

护能力越强的种类和个体，越倾向于采用集中贮食的方式。比如，东美花鼠典型的贮藏方式是在洞穴中集中贮藏，但是年轻的东美花鼠和携带幼崽的雌性东美花鼠则主要进行分散贮藏，因为它们对食物的保护能力很可能由于年纪小、经验不足、体力不强、照顾幼崽导致精力有限等而相对较弱。

有趣的是，动物贮藏方式也会受到近期经历的影响。科学家发现，梅氏更格卢鼠发现自己的库藏被窃时，会调整贮食策略，从以集中贮藏为主变为以分散贮藏为主，真是"吃一堑，长一智"啊！

甚至还有实验表明，动物的贮食方式还受食物中能量多少的影响。这里有个好玩的实验，用糊精把许多向日葵籽粒粘成大小不同的两种团块，把这些向日葵籽粒团和单颗籽粒放在松林中，结果红松鼠只将单颗向日葵籽粒搬运了不到一米的距离，即用前肢扒开表土埋下籽粒，而它们却将大块的向日葵籽粒团搬运了几十米的距离，埋入集中贮藏堆中。有些动物找到食物还会先进行预处理，比如星鸦获取松果之后，会利用自己的长喙啄出松子，吞入专门用来暂存食物的舌下囊中，这样就不用费劲地转移整个松果了。动物的贮食行为不仅满足了自身的需求，还在一定程度上帮助了植物的散播。

除了上面我们重点讨论的小动物的贮食过冬的情况，食肉动物短期内隐藏猎物的行为也是一种有趣的贮食行为。比如个头不大、性格凶猛的伯劳，会将捕获的青蛙、小鸟挂在树枝上，猎豹也会把吃不完的猎物拖到树上藏好，以免被讨厌的鬣狗抢去了劳动成果。

非常问

动物费心贮存的种子，最终都会是怎样的命运呢？

或许你会觉得这个问题问得有点儿傻，那些种子当然是被吃掉啦！其实不然，有些种子因为贮存不当，发生霉变，变成了真菌的食物；还有些种子，贮存条件不错，贮存地点隐蔽，以至于当初藏起它的动物自己也忘记去取食了——这些"漏网之鱼"到了春天就很有可能获得发芽生长的机会！

有趣的是，从植物的角度来看，本来种子被动物吃掉会是一件令它们感到特别郁闷的事情，可是那些被带走、贮存，又被遗忘的种子反而获得了更好的生存环境。举个关于星鸦和红松种子的例子。红松球果成熟后，鳞片状的皮反翘，使得其中的种子不能自行脱落，而且红松种子大而无翅，自然无法借助风力传播，当整个球果落地后，相当一部分会被鼠类取食或在真菌的作用下腐烂。星鸦也取食红松种子，而且它们很长于此道。星鸦

座头鲸的双面生活

57

具有直长而有力的喙，能够有效地啄掉红松球果的鳞片状皮，从中取出种子，不仅吃，而且吃不完要存起来。至关重要的一点是，星鸦贮存红松种子的地点与所取食种子的母树相距超过四千米。要知道，对于红松种子来说，它如果在母树周围萌发，是无法得到充足的生存条件的，比如阳光的获取就非常受限。所以，星鸦虽然取食红松种子，但也在一定程度上帮助红松种子扩散到更远、更有利于种子萌发生长的地方。一些学者认为星鸦和红松之间是一种依靠长期协同进化而来的种间互利共生关系。

以吃为核心的改革
——"变"才是永恒的道理（一）

北方人爱吃面，到了南方，也会渐渐适应米饭。你最爱吃红烧牛肉，可是如果今天餐桌上只有炸鸡腿，你也会欣然接受。人懂得退而求其次，动物更是深谙因生存艰难而必须适应环境之理，改变食谱还是小事，有时候为了适应新的生存环境，身体结构形态都可能发生相应的变化。或者更为准确地说，只有那些适应环境变化的身体变化，才能使个体获得更大的生存机会。我们聚焦威武的大鸟——鹰，看看这些天空中的武士是如何向我们展示"变"才是亘古不变的道理的。

森林中的迅猛猎手

鹰的种类很多，金雕是其中常被拿来作为代表说道的。不管在什么地方看到以金雕的形象出现的标志，你一定都不会错过它们弯钩状的、坚硬而锐利的喙。不过，绝大多数时候，喙只是它们成功捕食、享用美味的工具。我们的"空中战斗机"

之所以能够成功捕猎，靠的不是喙，而是更为锋利和尖锐的弯钩状的爪子，那才是捕捉猎物、刺穿猎物身体、牢牢抓住并碾压猎物的得力武器。宽阔的双翼和尾自然也不可忽视，这是金雕强大而灵活的行动力的来源，而且金雕飞行技巧高超，细微的上升气流就可以让它轻松翱翔。至于犀利的双眼，竟然在2.4千米之外就能发现猎物，并进行精细解析，比人眼强太多。

金雕卓越的身体结构使得它的分布范围很广，但是森林并不是它的好去处，居住在森林里的鹰类，往往有另一套制胜法宝。

比如，栖息在森林里的非洲冕雕，拥有长尾短翅，性情十分凶猛（当然，鹰类作为猛禽，"温柔"这个词大概只有在喂食幼鸟的时候才会出现）。它的名字来源于脑袋上那具有装饰性的冠状羽毛，而它的食物更是让它声名远扬——一般鹰类吃虫子、吃青蛙、吃老鼠、吃小鸟、吃兔子，而冕雕吃猴子！猴子何等机敏、何等灵活、何等聪明，但是冕雕有靠谱武器，就是那长尾短翅。长尾使得冕雕控制方向的本领高超，并在其收翅飞行时仍然能够提供动力；而短翅则使得冕雕在茂密丛林里穿梭自如，不至于"倒挂东南枝"。总结起来，个头小、尾巴长、翅膀短正是冕雕适应丛林生活的法宝。

马来鹰雕是另一个好例子。它们顶着醒目的羽冠，身子却比鸽子大不了多少。另外，一些栖息在森林里的蛇雕，除了拥有上述的三大法宝，为了捕捉缠绕在树枝上的蛇，还发展出稳健的行走、攀树能力，它们甚至敢于挑战毒蛇，突袭是其成功的关键。

相对而言，金雕那宽阔的翼展在森林里反而成了累赘，它们再有能耐，也顶多在森林的空旷地带觅食，而食物——乌龟更是让人大跌眼镜！乌龟的行动力自然是弱爆了，所以金雕捕食乌龟时，俯冲猛扑这样的招数并无用武之地，甚至还可能出现导致其撞树的悲剧，所以金雕老远就在空中减速，缓缓落到地面上，然后迈步过去。乌龟别无他法，只有一招——缩，缩，缩。金雕也不犹豫，大爪子一把抓起乌龟往高处飞，同时搜寻有凸起石块的地面，潇洒一扔，再硬的乌龟壳也扛不住这撞击。希腊的金雕都已经学会了此招，个个都是乌龟杀手。

对于金雕来说，因为茂密森林的阻隔，南美洲和东南亚是它们到不了的地方，而欧洲、北美洲、东南亚外的亚洲其他地区都有它们的地盘，唯一例外的是非洲，好像金雕对其并不感兴趣。非洲是多达 16 种鹰类的乐土，也许正是这个原因，金雕放弃了进军这里。

非洲没有金雕，但非洲林雕和金雕很像，最大的区别可能只是毛色的不同。林雕的食物是蹄兔。在津巴布韦岩石密布的地区，林雕和蹄兔在进行着智慧与勇气的较量。岩石之间的缝隙为蹄兔提供了很好的隐蔽场所，可惜林雕技高一筹，居然发展出合作捕猎的作战手法。一只林雕招摇地袭击，轻易地让蹄兔发现自己的踪迹，其实却是声东击西，自己从一个方向吸引蹄兔的注意力，自然还有一只同伴从另一个方向偷袭。合作进攻使得林雕可以成功捕食拥有地形优势的蹄兔。

草原上的大翅膀

非洲鹰种类很多，大家为了减小竞争食物的压力，各自选择了不同的食物，相应的身形特征或繁殖策略也有区别。体重6千克、翼展2米的大块头巨隼在捕食的竞争中占有优势，但大块头同样意味着它需要更多的能量才能维持生存，如果想要养个孩子就更不容易了，所以巨隼夫妇很自觉地实践着"计划生育"——每两年仅养育一只雏鸟。每对巨隼夫妇需要将近260平方千米的领域面积觅食，它们的猎物也个头不小，比如羚羊也在它们的菜谱上，不过捕食羚羊不是那么容易的事，成功率只有20%左右。

草原雕则是外来户。它们在秋冬季节乘着热气流从亚洲老家启程去非洲，它们绝对是善于利用气流条件的飞行家。利用热气流的上升作用，草原雕在这一旅途中可以节省不少能量。在不进食的情况下，它们长途飞行距离甚至能超过惊人的6000千米。而当它们到达非洲时，体重会减轻1/3。如此不辞辛劳地长途跋涉，理由简单却很充分——老家猎物都已经进入冬眠，正闹着饥荒呢，草原雕只能来温暖的非洲讨口饭吃啦！逃荒的草原雕是审时度势的好汉，在老家都是捕食鲜活的小型

白头海雕

巨隼

金雕

短尾鹰

哺乳动物，到了竞争激烈的非洲，它们自动降低标准，只去寻找食物链上最不起眼的食物，以免被"土著"鹰类驱逐，于是腐肉、白蚁都上了它们的餐谱。

善于利用气流条件的还有短尾鹰。长尾往往可以提供鹰类额外的飞行动力，短尾鹰则没这样的条件，但它居然能把尾短的劣势变为另一种优势——短尾不能有效地平衡身体，所以短尾鹰飞行时总是在轻微地左右摇摆，这种不稳定反而使得它对微弱的上升气流也能做出及时的反应，于是在低空中的爬升和大面积的搜寻都成为了可能，而且并不怎么费力。就这样，捡食其他鹰类遗漏的腐肉变成了它的生存方式。

与其他大陆隔海相望的澳大利亚只有一种大型猛禽，便是长着楔状尾巴的楔尾雕。人类的开垦使澳洲森林面积减少，不过这反倒使得楔尾雕可以施展的空间扩张，加上澳洲野兔曾经一度泛滥，楔尾雕更是拥有了丰富的食物资源。当一种病毒在野兔中肆虐之后，楔尾雕甚至把利爪伸向了袋鼠！虽然抓袋鼠并不容易，但楔尾雕总有机会在公路边发现被车辆撞死的袋鼠。楔尾雕并不嫌弃这免费的腐肉，恰好澳洲也没有秃鹫，楔尾雕在填饱肚子的同时，顺便干完了"清道夫"的活儿。

以上我们主要聚焦的是陆地，下面让我们把目光转向水域。一大波以鱼类为食的鱼雕将闪亮登场。

不同的鸟类的翅膀有哪些异同呢？
会影响飞行效果吗？

在生物界，形态与功能往往存在着呼应关系，翅膀的形态确实会影响飞行效果。

比如，小不点儿麻雀长着半月形的翅膀，短而圆，飞羽间的空隙使得翅膀破风良好，麻雀飞行起来灵活机动，虽然一次飞不了多远多久，但很适合在较小空间里频繁活动。所以你见到的常常是，一群麻雀呼啦一下从枝头飞落地面东啄西啄，一受惊吓，又呼啦一下都迅速飞回树杈，并不会逃太远。

一些雉类、啄木鸟也长着类似的翅膀。相比之下，丹顶鹤长而平的双翅则要威风得多。丹顶鹤身长 1.5 米左右，翼展却可以达到 2.5 米，飞羽排列紧密，空隙小，飞行时脖颈和双腿分别向前向后伸直，双翅舒展，整个身体形成十字形，能进行长时间、远距离的迁徙。

最后来看看鹰，"鹰击长空"恰是鹰杰出的飞行能力的佐证。鹰的飞羽之间有相对宽大的空隙，羽尖向上卷起，有利于其利用气流的变化来获得升腾的动力。所以，你看到老鹰翱翔于天际，并没有一直急促地扑扇翅

座头鲸的双面生活

膀就是这个道理。无论翅膀是怎样的形状，鸟类的飞羽都富有弹性，具有轻巧、严密、强劲的特点，同时飞鸟也很善于利用上升的热气流来节省自己的体力。至于那些不会飞的鸟，翅膀在保持其身体平衡上还是有存在的必要的。

以吃为核心的改革
——"变"才是永恒的道理（二）

阿拉斯加寒冷的冬日，河流上冻，但地热、暖流在一些河道融解浮冰。三千多只白头海雕被来此地产卵的大麻哈鱼所吸引。大麻哈鱼辛苦洄游到此地，待产卵结束也耗尽了身体的能量，剩下的只是静待死亡。然而，大自然不会白白浪费这些大麻哈鱼，白头海雕可以享受海鲜大餐了。

大麻哈鱼争夺战

这些美味简直得来全不费功夫，白头海雕悠闲地停歇在树枝上，等看到精疲力竭的大麻哈鱼在浅滩上搁浅挣扎时，只消轻松地飞过去双爪摁住它，再拖拽上岸即可。

不过，抓鱼容易吃鱼难，总有其他白头海雕在觊觎美味。捕获者经常会伸直脖子仰天尖叫，宣布："这是我的鱼，谁也别来抢！"但是，觊觎者总是不理会这样的主权宣言，猎手刚吃几口鱼肉，就会遭遇前来进犯的大大咧咧的强盗。双方自然免不了一番争斗，但又不会太动真格，不管是固守还是失守，都不会使打斗陷入胶着状态，因为食物太丰富，失利一方不如等待下一条濒死的大麻哈鱼，反正也不会太久，或者，觊觎者再去找另一个正在进食的白头海雕，试着抢一抢它的鱼。

于是，河滩上就呈现出一派热闹的"流水席"模式：一条大麻哈鱼总会被吃掉，只不过几经易手，很多只白头海雕都从它身上叼走过几口肉；而每一只白头海雕都吃到过好几只大麻哈鱼的肉。这种微妙的群体宴看上去挺滑稽，也确实有些特别，因为绝大多数鹰类选择的是独居。而白头海雕装模作样的打斗方式，我们称之为"仪式化战斗"——做做样子，像一个固定的仪式。

非洲鱼雕没有这样的好运，食物不会白白送到嘴边，但是，它们捕食技巧高超，一天只要花八分钟，就可以喂饱自己——不过要亲自动手。像带刺的矛一样的爪子，配上长长的腿，便于它们伸进水里抓鱼，而爪心的肉质掌垫增强了它们的抓握力，再滑溜的鱼也难以逃脱。

而且非洲鱼雕的技艺已经不仅限于捕食鱼类了，在肯尼亚两百多万只火烈鸟聚集的湖泊，鱼类资源匮乏，所以，非洲鱼雕就因地制宜，换了主食，改吃火烈鸟。非洲鱼雕频频上演轰炸机轰炸的好戏——它们追击体弱离群的火烈鸟，坚持不懈地压制目标的腾飞升空。火烈鸟一次一次地尝试起飞，却一次又一次地被迫降落，重重摔在湖面上，最终精疲力竭，成为鱼雕

的食物。还有一些鱼雕已经将捕猎范围大大扩展，一直延伸到海上，它们捉起有剧毒的海蛇来，也是一抓一个准儿，实在是捕猎能手。鱼雕对海蛇的毒素并没有免疫能力，所以它们只能靠出其不意，以迅雷不及掩耳之势进行突袭，避免被咬。而与出海觅食长距离飞行相适应的身体特征，则是我们在看各种海鸟时都会发现的一点：它们都有狭长的双翼。

善变的达尔文雀

再来看看一些大块头的大智慧。对于"君子善假于物"的策略，虎头海雕运用得可出色了！这些重达 9 千克、翼展达 2.5 米的大家伙，个头是白头海雕的 2 倍，它们的喙堪称鸟类中最大，并且坚实有力。北海道的捕鱼船破冰而行，虎头海雕便在后面等着捡便宜。渔船起网，收获满满，虎头海雕便也跟着大啖美食。

不过，在西伯利亚寒冷的堪察加半岛，虎头海雕还是会自力更生的——捕捉来此产卵后精疲力竭的红大麻哈鱼，就像白头海雕在阿拉斯加做的一样。虎头海雕的大嘴能够有力地穿透鱼身，而金雕则负责清理残局，它们虽然吃的是虎头海雕吃剩下来的东西，但好处是它们不用花力气咬烂红大麻哈鱼的身体。

民以食为天，吃一向都是动物的头等大事。从上面提到的各种例子中可以看出，为了更好地获取食物，不同地域里的鹰类或是在身体结构上，或是在捕食策略上，或是在食物选择上，或是在繁殖计划上，都发生了相应的变化，而这些变化为它们赢得了更好的生存机会。活下去才是硬道理。这世间唯一不变的真理大概就是"变"，它从来就存在并将继续存在下去。

从在时间上跨度很大的进化历史角度看，在适应环境变化的过程时，尤其是在适应食物资源发生变化时，物种是很有可能发生分化的。这里有个著名的例子——加拉帕戈斯群岛的达尔文雀。

1835 年，达尔文乘船航行到加拉帕戈斯群岛时，在岛上发现了一些体形小、毛色暗的雀鸟。这些其貌不扬的小鸟并没有引起达尔文太多的兴趣，达尔文在其著作《物种起源》第一版中，只是记录了寥寥数笔。之后，英国著名鸟类学家约翰·古尔德在研究达尔文收集的鸟类标本时发现，这些雀鸟竟然是一些新的物种，它们拥有共同的祖先。于是，达尔文在《物种起源》第二版中，加入了这样一句话："这些在加拉帕戈斯群岛上生活的'土著'雀鸟实在令人感兴趣，它们由一个物种分化出来，并且适应了不同的生活环境。"

达尔文雀共有 14 种，其中 13 种生活在加拉帕戈斯群岛上，另 1 种生活在离加拉帕戈斯群岛不远的可可岛上。加拉帕戈斯群岛是一群坐落在太平洋赤道线上的小火山岛，100 万年前的海底火山爆发把这些小岛推出洋面，因此，它们从未跟任何大陆相连过。陆地上的动物很难跨越宽广的海洋来此定居，但达尔文雀的祖先却得以飞越海洋，从南美洲迁居来此。这些小岛就如同天然的封闭实验室，达尔文雀的祖先在无外界干扰的情况下单独进化。

如今，这 14 种雀鸟仍然在羽色、鸣叫、造巢、产卵和求偶炫耀等方面很相似，但是它们的嘴形却产生了极大的分化。你猜得没错，嘴形的分化是对不同食性的适应。比如，有几种达尔文雀生活在干燥的沿岸地区，以地面上的种子为食，被称为"达尔文地雀"。它们的嘴粗壮有力，适于把种子碾碎。这几种吃种子的达尔文地雀能和平共处，它们之间很少发生争夺食物的现象，因为它们嘴大的吃大种子，嘴小的吃小种子，井水不犯河水。另有几种生活在岛上的森林里的达尔文雀，主要捕食树上的昆虫，被称为"达尔文树雀"。它们的嘴则相对尖细。这其中有一种特殊的树雀，它们喜欢吃植物的芽和果实，嘴长得有点儿像鹦鹉的嘴。

　　有限的空间、有限的食物资源，促成了达尔文雀嘴形和食性分别进行了分化。达尔文雀各自选取相应的食物，从而最大限度地避免了彼此之间的竞争，同时给分化留下了足够的时间，最终产生了具有共同的祖先的新的物种。这种进化，往往是长期自然选择的结果，不过，美国普林斯顿大学的著名生物学家格兰特夫妇，却向我们证明了直接观察进化并非是不可能的事。下一节让我们重返加拉帕戈斯群岛。

非常问

渔民如何训练鸬鹚帮自己捕鱼?

鸬鹚因擅长捕鱼又被称为"鱼鹰",它们十分善于潜游,捕猎时不仅用脚蹼划水,双翅也可以辅助划水,最深可以潜水 19 米,最久可以潜水 70 秒。在能见度不高的水里,鸬鹚往往采用偷袭策略,先慢慢靠近猎物,再突然伸长脖子,用尖端带钩的嘴发出致命一击。渔民载着训练有素的鸬鹚将小船划到鱼多的地方,鸬鹚离船捕鱼,对付小鱼单兵作战即可,如遇大鱼也会两三只鸬鹚通力合作,将大鱼赶到船边,由渔民进行网捕。那么如何避免鸬鹚捕鱼的时候自己先吃个痛快,然后就消极怠工呢?方法其实有点儿残忍——渔民在鸬鹚的脖颈上套上用草茎或铜丝做成的圈环,就像是紧箍咒,使得鸬鹚只能吞下小鱼,较大的鱼则无法下咽。所以,每次鸬鹚捕到大鱼时,渔民在取下鱼后往往会喂鸬鹚一条小鱼以资鼓励。

"鸬鹚捕鱼"作为一项非物质文化遗产,在 20 世纪末成为一些旅游景点的表演项目,非常吸引游客的眼球,也带来了不错的经济收益,为何云南洱海风景区却要予以取缔呢?这主要是出于保护游客安全和保护生态环境两方面的考虑。第一个原因是，表演所使用的手划船没有固定运营区域及航线，缺乏消防、救生设施设备，超载超员现象严重。洱海上风浪大，手划船很可能遭遇翻船事故，游客的生命安全没有保障。第二个原因是，鸬鹚在捕鱼时是没有过多的选择性的，这意味着无论大鱼小鱼，鸬鹚都会尽力捕捉，有时鱼卵也不放过。现在的鸬鹚表演基地所在的沙坪湾，恰是洱海"土著"鱼类产卵区域，鸬鹚可能对鱼类资源造成的破坏可想而知。从保护非物质文化遗产的角度来看，简单取缔肯定不是解决问题的终极举措，当地相关部门在取缔不合法规的鸬鹚捕鱼表演之后，应该花更多的时间和精力去思考，选择何种合适的方式才能继续保护和传承这一传统技艺。

以吃为核心的改革
——"变"才是永恒的道理（三）

　　在上一篇，我们把目光投向了达尔文雀，这些拥有共同的南美祖先的小鸟，在来到加拉帕戈斯群岛之后，各自经过与生存环境相磨合之后，身体的构造，尤其是吃饭的家伙——嘴，发生了适应性的变化。怎么理解适应性变化呢？这指的是嘴变得更适合获得岛上的食物——种子、虫子、果子等等。这是一个进化的故事，达尔文提出的进化论虽然已经获得了越来越多的化石证据，但顽固的神创论者依然可以叫嚣：你依然无法在有生之年的时间跨度内亲眼目睹生物进化。所有研究大时间、大空间跨度的科学家都会面对这样的尴尬，就像天文学家也无法等候上百亿年去观察恒星的演化，只能退而求其次，观察许多处于不同演化阶段的恒星，把这种横向的观察结果，转化到纵向的时间变化的演变上进行模拟、推测。然而无论怎样，如果有方法可以直接观察进化的过程，那实在是再有说服力不过了。

演化是一场漫长的演出

印象中，进化总是一个漫长的过程，长到没有哪个进化论生物学家能足够有耐心和足够长寿去等待。万万没想到，直接观察进化过程的想法并非是天方夜谭——格兰特夫妇重返加拉帕戈斯群岛，并在那里亲眼见证了进化的现在进行时。

上一篇我们介绍过，加拉帕戈斯群岛是海底火山爆发后形成的群岛，位于太平洋赤道附近，远离大陆。几百年前，群岛并不出名，直到 1835 年，达尔文在环球航行的考察中造访了加拉帕戈斯，并在之后的《物种起源》中提到了它上面奇特的物种，以及种类丰富的雀鸟，加拉帕戈斯群岛才声名远扬。如今，加拉帕戈斯群岛甚至被生物学家和生物爱好者奉为圣地，除了它与达尔文和进化论之间的渊源关系，还因为在今天，远离大陆的天然地理位置使得进化的脚步在岛上更为明显、有迹可循。研究进化的生物学家，都梦想有一块与世隔绝的理想实验地，杜绝所有外界生物的迁入和干扰，从而他们可以专注于观察实验地内生物的进化。加拉帕戈斯群岛正好符合这个条件，有人戏称，每一个小岛都是动物们的"自然监狱"，动物们在岛上生老病死，一生都不会离开，而进化的踪迹恰恰隐匿在其中。

1972 年，格兰特夫妇来到加拉帕戈斯群岛，选择了其中的达芙尼岛（Daphne Major）作为研究进化的实验地。这个岛荒无人烟，外形很像藤壶。格兰特夫妇和他们的学生在那里坚持观测了30年，亲眼见证了进化的发生。后来，他们在加拉帕戈斯群岛的研究过程和发现被美国作家乔纳生·威诺写成了一本书《鸟喙：加拉帕戈斯群岛考察记》，该书是1995年普利策文学奖非小说类获奖图书，十分精彩。

现在，我们来看看格兰特夫妇到底是如何在达芙尼岛上进行观察研究的，以及他们到底发现了什么。

格兰特夫妇和他们的学生花费了大量的时间和精力，给岛上的达尔文雀带上脚环标记，测量并记录它们的喙长和体形数据。最多的时候，他们能分辨出岛上两千多只达尔文雀，可以想象这是多么大的工作量和多么烦琐的工作流程。但是一旦成功标记了大量的达尔文雀，并把它们记录在案，后续的研究就会顺畅许多。

格兰特夫妇长期观察发现，即使是非常微小的变化因素，也能影响到达尔文雀的命运。我们前面已经了解到，达尔文雀之间最主要的区别体现在它们的喙上，不同的喙适应不同的食物，比如都是取食植物的种子，大而钝的喙能够磕开最坚硬的种子，小而尖的则只能啄食小种子。

当岛上的食物源因为自然条件的改变而发生变化的时候，鸟喙尺寸的偏差就能决定一种达尔文雀的命运，哪怕这个偏差只是我们看来毫不起眼的0.5毫米。这就是自然选择的进化力量——自然选择促使了达尔文雀的外形不断变化。

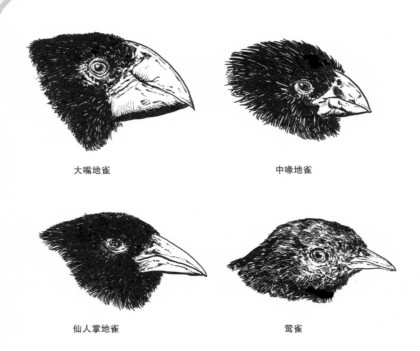

大嘴地雀　　　　　　　　　　中喙地雀

仙人掌地雀　　　　　　　　　莺雀

你中有我，我中有你

　　达芙尼岛上主要有两种达尔文雀，一种是中喙地雀（*Geospiza fortis*），一种是仙人掌地雀（*Geospiza scandens*）。中喙地雀的喙比较钝，它们以常绿植物的小种子为食，而体形较大的中喙地雀还能吃非常坚硬的蒺藜种子；仙人掌地雀的喙很大很尖，它们食用仙人掌的果实并为仙人掌授粉，它们把巢也筑在仙人掌上。

1977 年席卷加拉帕戈斯群岛的拉尼娜现象（拉尼娜是指赤道太平洋东部和中部海面温度持续异常偏低的现象，是热带海洋和大气共同作用的产物），造成了一场空前的干旱，达芙尼岛上的小种子消失殆尽，以此为食的中喙地雀因为失去食物来源，大部分饥饿而亡。而小部分身体较大的中喙地雀是幸运儿，它们的喙因相对大而钝，能够打开坚硬的蒺藜种子而得以幸存并且进行繁殖，还将"大嘴基因"传递给了自己的后代，因此后来中喙地雀的喙平均增大了 4%。

　　拉尼娜现象之后，往往跟随着厄尔尼诺现象，1983 年的厄尔尼诺现象又让加拉帕戈斯群岛的降雨量充沛，各种植物生长茂盛，遍地都是小种子。这一次，命运女神更加青睐喙比较小的中喙地雀（当然，在 1977 年的劫难中，并非所有喙比较小的中喙地雀都死了），因为喙比较大的中喙地雀吃这些小种子反而不怎么利索，还是喙较小的中喙地雀一啄一个准儿，更有效率。于是，自然选择又使中喙地雀的喙平均缩小了 2.5%。

　　1983 年的厄尔尼诺现象也影响了仙人掌地雀。充沛的降雨对仙人掌而言实在是个灾难，因此，仙人掌地雀的食物来源也拉响了紧缺警报。幸运的是，那些喙稍钝的仙人掌地雀，它们的喙吃植物的小种子也挺方便，于是饥荒之年，食谱的改变可帮助它们渡过难关。读到这里，你也是有推断能力的小小进化学家了，这场厄尔尼诺现象会对仙人掌地雀的喙产生怎样的影响呢？没错，它会促使仙人掌地雀的喙向钝的方向变化。

座头鲸的双面生活

可是，奇怪的事情发生了，在厄尔尼诺现象造成的仙人掌地雀的食物危机过去之后，也就是说自然选择压力消失以后，仙人掌地雀的喙还是在逐年变钝，这又怎么解释呢？原本与尖喙相适应的仙人掌果实明明已经恢复丰富的供应了呀！

最终的发现让研究者们大为惊叹。1983年厄尔尼诺现象带来的大雨使雌性仙人地掌雀大量死亡，雄性仙人掌地雀损失则较小，存活下来的雌雄仙人掌地雀比例达到了悬殊的1∶5。这一性别比的巨大变化，使得很多找不到"老婆"的雄性仙人掌地雀在无奈之下选择与雌性中喙地雀交配。两种达尔文雀之间的结合并不常见，即使发生，它们产下的后代也不具有繁殖能力，这种偶然发生的跨种结合并没有实际的意义。然而，令人惊异的是，1983年后，雄性仙人掌地雀迫于无奈的跨物种"婚姻"却产生了具有繁殖能力的后代，也就是说，雄性仙人掌地雀和雌性中喙地雀杂交的孩子长大之后是有繁殖能力的。而且有趣的是，杂交后代中的雄鸟会去学习它们的仙人掌地雀父亲求偶的歌声，而这歌声想来也只会吸引能听得懂的雌性仙人掌地雀，所以杂交的雄性后代都会选择雌性仙人掌地雀作为配偶。于是，最初来源于雌性中喙地雀的"钝嘴基因"逐渐渗入了仙人掌地雀的基因库，仙人掌地雀的喙因此变得越来越钝，这种现象被称作"基因渗入"。

这一发现特别震撼人心，因为我们通常认为不同物种之间的生殖隔离是非常严格的，要么不能产生后代，要么产生的后代也无法再生育。可是这两种达尔文雀之间成功的结合，说明至少这两种雀还没有完完全全地发生生殖隔离，因而基因渗入也就成为了可能，而获得外来基因的物种，可能获得更加适应环境的身体或行为上的变化。不过与此同时，对于仙人掌地雀而言，它们的身体特征在杂交之后，变得越来越像中喙地雀，或许，若干年后，我们将无法再辨识出仙人掌地雀这种鸟。另一个问题是，变得越来越像中喙地雀的仙人掌地雀，对小种子的兴趣远远大于仙人掌的果实，那么会不会因此影响仙人掌的授粉，进而危及仙人掌的种群延续呢？

加拉帕戈斯群岛上的进化已经进行了很多万年，岛上的雀曾经启发了达尔文的进化思想，而重返加拉帕戈斯群岛的格兰特夫妇，则用他们细致的研究和长期的坚持揭示了短期的进化预报是可能实现的。加拉帕戈斯群岛的进化故事还将继续下去，而为了生存、繁殖而"变"，是所有生物需要面临的共同课题。

座头鲸的双面生活

非常问

"物种"的概念在生物学中非常重要，这一概念在生物学科历史上经历了怎样的变迁呢？

人类早期在识别物类并予以命名时，主要凭借的是物类的外部形态、解剖结构和生存环境。比如，汉初的《尔雅》把动物分为虫、鱼、鸟、兽四类。古希腊哲学家亚里士多德认为物种是不变的，分类时关注的是明显的外部特征，比如把开黄花的植物都归为一类。

近代分类学诞生于十八世纪，它的奠基人是瑞典植物学家林奈。林奈建立了"双名法"，即每一物种都有一个学名，由两个拉丁化名词所组成，第一个代表属名，第二个代表种名，例如"*Panthera tigris*"是虎的学名。他还确立了阶元系统，把自然界分为植物、动物和矿物三界，在界的下面，又设有纲、目、属、种四个级别。林奈也相信物种是上帝创造的、客观不变的，因而他在著作《自然系统》中提出，物种之间并不存在亲缘关系。书中六个动物纲是按哺乳类、鸟类、两栖类、鱼类、昆虫、蠕虫的顺序排列的，由此也可看出，林奈在编排时并没有意识到这些不同类群在进化上的相互关系。拉马克把这个颠倒了的系统拨正过来，从低级到高级列成进化系统。只是他的观点在当时并未得到足够的重视，也没对分类学产生更多的影响。直到1859年达尔文的《物种起源》出版，进化思想才逐渐得到科学界和普通民众的接受和认可（可以想象，在笃信上帝创造了一切的社会，这是多么了不起的新思潮），这才使得科学家明确了分类学研究的重要意义恰恰在于探索生物之间的亲缘关系——系统分类学由此诞生，而分类谱系也进而成为进化谱系。在达尔文看来，物种是人为设定的单元，它是在不断变化的，因而不可能有客观标准，更不需要定义。他的进化论证明了物种间的历史连续性，却忽视了种间的间断意义。

到了二十世纪三四十年代，新系统学更加强调群体概念，认为物种是以个体集合为大大小小的种群单元而存在的。迈尔的定义沿用生殖隔离的标准，并突出群体概念——物种是由自然种群所组成的集团，种群之间可以相互交流繁殖（实际的或潜在的），而与其他这样的集团在生殖上是隔离的。当然了，这样的定义只适用于有性物种，对于无性繁殖和化石物种，一般还是以特征的间断程度来划分种类。随着现代科技的进步，在分类学研究中，科学家更多地应用了分子技术，从微观的层面去追踪物种进化的踪迹。通过对比 DNA 分子或蛋白质分子的序列，来测算物种进化的历程，这一招对能提取DNA 分子的化石都能派上用场呢！

第2章

身怀绝技的
"怪咖"们

臭名昭著的"小可爱"
——臭鼬

咦，臭鼬——听到这个名字，你会不会本能地皱起鼻头，就像你遭遇榴梿或臭豆腐时那样？其实，这种动物你未必熟悉，因为咱这里没有，它的老家远在太平洋彼岸，从墨西哥以北到美国本土，再到加拿大南部。在那儿，它可是家喻户晓的明星——对，臭名昭著！

臭味秘密武器

臭鼬像家猫一般大小，黑白配色的皮毛实在是走在时尚的前列：身体两侧黑色油光发亮的皮毛上各镶嵌着一条白色的纹路，两条纹路在后颈处汇聚成一条；蓬松的大尾巴背面中间处也贯穿着白色的条纹；甚至前额中间也有细细的一条白色条纹往鼻子的方向直直地延伸。

这么漂亮的小动物为什么那么臭呢？臭来自哪里？臭有什么好处吗？臭，应该也有臭的理由吧？没错，臭也是一种武器。

臭鼬的肛门处左右两侧各有一个臭腺，什么是臭腺？"臭"好理解，就是让你想掩鼻逃避的气味。"腺"是什么？从字形来看，月字旁作为部首，通常可以组成跟机体有关的字，比如"肌""肤""肝""胆"，因为"月"原本是"肉"字的变形；"腺"字右边一个"泉"字，指地下水涌出地表的现象。连起来看，"腺"是指生物体内能分泌某些液体的组织。腺体由腺细胞组成，腺细胞是一类由上皮细胞特化而来的、以分泌为主要功能的细胞。以人类为例，我们身上有不同的腺体，它们分泌不同的物质，完成不同的功能：乳腺可以分泌乳汁喂养婴儿，汗腺可以分泌汗液降低体温，皮脂腺可以分泌油脂保护皮肤，泪腺可以分泌泪液清洁眼球。臭鼬的臭腺也是这样一类腺体，它又叫"臭液腺"或"肛门腺"，可以分泌恶臭的液体，并储存在肛门囊中。臭液是一些小分子的硫醇类化合物，能挥发出强烈的臭味。关键时刻，臭液可是可以救命的秘密武器。

　　作为生物链的一环，臭鼬也躲不过成为别的动物食物的命运，但是说起来，愿意吃它的动物真不多，至少像美洲常见的捕食者，如狼、狐狸、獾等，就对它避而远之，为什么呢？因为臭哇！遇到捕食者的时候，臭鼬首先会用自己特殊的黑白颜色作为警戒色；如果敌人不吃这一套，继续进犯的话，臭鼬会低下身来，竖起尾巴，用前爪跺地发出警告；如果这样的警告仍然不被理睬，臭鼬就会掉转身体，用肛门囊向敌人喷射恶臭的液体。肛门囊周围的肌肉使得臭鼬喷射臭液很有力道，而且精确度很高，在 3 米内几乎弹无虚发。不要小看臭液，除了难闻的气味，喷射本身的力量也会使被击中者短时间失明，而其强烈的臭味，在方圆 800 米的范围内都可以闻到，且多日挥散不去。哪个捕食者都不愿意臭烘烘地到处溜达，因为那样的话，还怎么埋伏捕猎呢，其他动物早就闻臭而逃啦！

弹药也要省着用

这样说来，臭鼬为什么不直接喷射臭液炸弹，还要先跺脚竖尾虚张声势呢？俗话说，好钢要用在刀刃上。臭液发射五六次就会弹尽，还得等数十天才能恢复库存，所以它才不会轻易使用大绝招呢。臭鼬已臭名远扬，一般的捕食者确实不会打它的主意。可惜，俗话还说，一物降一物。还真有不怕臭的家伙！大角猫头鹰就是臭鼬的天敌，科学研究者曾在一只大角猫头鹰的巢穴中发现多达五十七只臭鼬的尸体。为什么大角猫头鹰不怕臭呢？鸟类其实嗅觉特别差，臭液再臭它也没啥感觉。鸟类往往不依靠嗅觉捕食，它们的法宝是异常灵敏的视觉。

不过，臭液也并非仅仅为自卫而生，对于臭鼬这种视力范围大约只有三米的小家伙，臭液还有更加重要的作用——同物种间信息的传递，比如标记自己的地盘，或是在繁殖季节发出爱的讯息。很多动物都会采用这样的化学通信方法，不是看到、听到，而是闻到同类的信息。比如，雌性昆虫会分泌外激素，信号随风传播，吸引远处的雄性昆虫前来交配；狗用排尿的方式标记自己的领地。

自然界以臭取胜的可不止臭鼬一种，它的亲戚黄鼬，就是我们的俗语"黄鼠狼给鸡拜年——没安好心"（其实黄鼠狼是捕鼠能手，很少主动偷鸡）里面的那位，也经常以臭液躲避天敌。植物中也有以臭扬名的，比如巨魔芋，这家伙开花时丝毫不在意阵阵臭气远播，它就是要靠着这臭味吸引苍蝇前来为其传播花粉。

不过话说回来，这世界上并没有绝对的香臭——香水过浓会觉得刺鼻，臭味被稀释到一定程度，也会给人香的感觉。另外，每个人的嗅觉也存在差异，对气味的偏好也不同，比如有些人闻到汽油味就头疼，有些人则恨不得追着汽车闻尾气。

臭鼬虽臭，但形象实在是好，惹人怜爱，所以也有一些人把臭鼬当宠物养，德国、荷兰、意大利和英国，以及美国的一些州就允许饲养臭鼬。臭鼬还曾经出现在迪士尼的老牌经典动画片《小鹿斑比》里，那斑比的好朋友花吉就是只可爱的雄性臭鼬。在另一系列动画短片《大帅哥罗曼史》中，一只自我感觉良好的雄性臭鼬则和一只雌性黑猫产生了荒唐可笑的"爱情"。

如何证明臭鼬真的是臭名远扬?

这个问题其实不是一个生物问题,因为正文也说了我们很难对气味做客观的评定。但是这里有两个有趣的例子可以说明臭鼬的臭名是公认的。

美国大名鼎鼎的"臭鼬工厂",核心业务涉及航空、电子、信息技术、航天系统和导弹等,主要产品包括美国海军所有潜射弹道导弹、战区高空区域防空系统、通信卫星系统,以及各种型号的战斗机、侦察机、运输机等等,占据美国国防部每年采购预算1/3的订货,控制了40%的世界防务市场,是名副其实的世界级军火巨头。这听起来跟臭鼬没有半毛钱关系啊!事实上就是没有关系!原来,二战期间,该公司将其预先研究发展项目部搬到了加利福尼亚州伯班克的一个不为人知的"马戏团帐篷"里——墙体用发动机包装箱堆砌而成,屋顶则是用从马戏团租来的帐篷。当时,该公司毗邻一家散发着恶臭的塑料厂,公司员工甚至要戴着防毒面具来上班。工程师欧文·卡尔弗(Irving Culver)对这样的工作环境深表不满,"臭鼬工厂"由此得名,并成为其官方绰号而名扬四海。臭鼬真是"躺着也中枪"啊!

座头鲸的双面生活

91

另一个例子来自以色列一家私人公司开发的"臭鼬炸弹",这种炸弹并没有实际的杀伤力,只能起到驱散作用,可以被用于处理城市动乱。路透社的新闻报道称:"想象一下,将一具腐烂尸体从下水道中拖出来,放到搅拌机里,然后把散发着恶臭的液体喷到你的脸上。你无法抑制住呕吐的反射,而且还无法逃避,因为这种令人作呕的气味会持续数天。"不过,实际应用的效果似乎并没有那么好,很多抗议者尽管浑身恶臭,但并没有停止抗议活动。你也发现了,这款产品只是假借臭鼬之名,它其实是用发酵粉、酵母和一些秘密配方有机发酵而成的,并不是臭鼬的分泌物。

黑羽机灵鬼
——乌鸦的智慧

恐怕，世界上再没有什么鸟如乌鸦一般让人爱恨交织：有些人厌恶它，视它为厄运的象征；有些人喜欢它，视它为智慧的化身。人们对乌鸦的认知反差这么大，不仅有理由，而且能从历史上找到点儿影子。

不讨喜的黑鸟

在中国，乌鸦好像从来都是不怎么讨喜的角色，总是跟"不吉利"联系在一起。为什么呢？这主要还是由乌鸦的习性造成的。乌鸦是食腐动物，这意味着它们常常出没在荒郊野外有尸体的地方，那个环境再配上拖长了音的"呱呱呱"的叫声，难免让人觉得毛骨悚然，一种凄凉、颓败的感觉油然而生。而且乌鸦通体黑色，与古代的丧服一样，所以遭到人们的排斥，甚至民间还有谚语："乌鸦叫，祸事到。"不过，这种印象其实是从宋朝传承下来的，倘若再往前推一推历史，乌鸦的形象并

座头鲸的双面生活

不是这样：在汉魏晋南北朝时期，乌鸦被当作孝鸟看待；而在更早的先秦时期，乌鸦被看作神鸟，是太阳的灵魂、上天的使者，完完全全是一种祥瑞。

说到这里，我们还没有正式说明乌鸦是什么鸟。当谈论乌鸦的时候，我们是在谈论鸦科鸦属里的黑鸟，但黑鸟并不是唯一的种类，在这一属里有多达 41 种鸟，比如普通渡鸦、秃鼻乌鸦、寒鸦、家鸦、大嘴乌鸦等。它们中的大部分，算鸟类中个头中等的家伙，有强有力的腿和趾，以及坚硬而较粗大的嘴，长相并不精致。鸦属的鸟体色是永不过时的时尚色——黑色、黑白色、黑灰色，别嫌弃它们低调的配色，人家那可是低调中透着奢华，它们的羽毛在某种光线下会呈现出美丽的紫色、蓝色、绿色或银色。我们下面讲的故事就不对这些鸦属动物做细致的区分了，把它们统称为乌鸦。

聪明的乌鸦有水喝

寓言故事里的乌鸦用小石子来帮助自己喝到瓶子中的水，现实中的乌鸦也确实是使用工具的高手。

在太平洋的新喀里多尼亚岛，人们发现乌鸦私藏的工具包括锐利的或带有弯钩的树枝，乌鸦用它们来挖取藏在洞穴中的虫子。

在日本仙台，人们发现，乌鸦想吃核桃，可是核桃壳太硬，它们于是因地制宜——利用过往的汽车。它们衔着核桃等在马路边上，等到交通灯变红、车辆停下，它们便飞来把核桃丢在汽车车轮前，然后自己飞到一边静候。绿灯亮起，车轮碾过，核桃壳碎，乌鸦就可以飞回来大快朵颐啦！

除了使用工具，乌鸦还很会占别的生物的便宜。比如，它们会追随狼群，好在狼群捕食之后分得一些残羹剩饭。它们如果先发现动物尸体，也会告知狼群，毕竟狼的尖牙利齿开膛破肚比较方便，乌鸦可以省点儿力气。这些借人之力的行为还不算什么，毕竟还是互利的，乌鸦还有更贼的手法。芬兰的渔民在冰上凿洞放线钓鱼，周围的乌鸦伺机而动，在渔民离开后偷偷摸摸地利用嘴和爪子，把线一点儿一点儿拽出水面来偷鱼吃。除了偷，乌鸦还会抢，而且是组成强盗小集团，这一次遭殃的是水獭。一旦发现捕获了鱼的水獭，乌鸦中的一只就会上前啄水獭的尾巴，水獭自然就丢下猎物转身对付这讨厌鬼，此时，另一只乌鸦就会趁机抢走鱼。

凡是为了食物而进行的尔虞我诈，其实在自然界中都可以被原谅，毕竟是为生存所迫嘛，可是乌鸦偏偏有一个"恶习"，简直是不能被原谅——它们超爱"拉尾巴"的游戏！起先人们以为这还是为了争抢食物而施用的小伎俩，虽不光明正大，也不必苛责太多；可是人们观察多了才发现并不是那么回事，即使别的动物并没有在进食，它们也会去拉人家的尾巴，受害者甚众，包括狗、猫、羊、狐狸、松鼠、苍鹭、鹰等等。

美国生物学家劳伦斯·基勒姆（Lawrence Kilham）在他的书里曾写道："乌鸦们似乎没有什么别的目的，这纯粹是一种无法抑制的心理冲动，不管有没有获得食物的好处；它们就是喜欢挑衅比自己大得多的生物。"仿佛对于乌鸦来说，这就是一项非常有趣的娱乐活动，如果这儿有条尾巴，那么它们就一定要去拉一拉。

曾经看过一个动图，图中有只吉娃娃非常安静地蹲坐在那里，一副与世无争的模样，它背后有一只乌鸦正在贼头贼脑地步步逼近。吉娃娃听到了身后的动静，扭过脑袋查看，乌鸦立刻停下了脚步，并也向后扭过头去，避开了吉娃娃的目光，那样子好像是在说："发生了什么？我什么也不知道。你在看什么？我也瞅瞅！"吉娃娃没发现什么异常就又目视前方，乌鸦那厮立刻迈大步侧身横行，三步挪到吉娃娃尾巴前，低头、探颈、伸嘴、猛啄。可怜的吉娃娃被吓得简直要飞起来了，一蹦一米远。

看完这个动图，我简直没有理由不相信，乌鸦就是为了调戏狗狗而去拉人家的尾巴。虽然说这恶作剧颇有些低级趣味，但是换个角度去想，乌鸦已经解决了基本的生存温饱问题，开始为娱乐自己而费力气，又颇有点儿高级的味道。

这就是古灵精怪的乌鸦，难怪曾有科普作家感叹：要想解释乌鸦的种种诡诈的行为，恐怕光靠鸟类学家是不够的，还得靠心理学家。

非常问

有没有针对乌鸦的实验，可以证明它们确实是一群机灵鬼呢？

科学家们怎么会放过这么有意思的实验对象呢！英国剑桥大学动物学家克里斯·伯德和伦敦大学玛丽女王学院的研究人员找来四只五岁大的家养秃鼻乌鸦，测试它们从玻璃瓶中取出食物的能力。野生环境中，秃鼻乌鸦的食源丰富到不需要使用工具的地步，而这四只家养的乌鸦实验前未经相关训练，在实验中，它们依然表现出利用智慧解决问题的能力。

实验一：研究人员把秃鼻乌鸦的食物放在一个玻璃瓶中，但有突出物阻挡乌鸦顺利取食。四只乌鸦立刻找来石块砸翻阻挡物，吃到虫子。

实验二：研究人员把食物装在一个带把手的小小桶里，再把小小桶置于很深的玻璃瓶底部，然后在玻璃瓶旁边放了一根带钩的小棍。结果乌鸦用带钩的小棍伸进玻璃瓶里，钩出小小桶，获得了食物，而且其中三只乌鸦第一次尝试即获成功。

实验三：研究人员把带钩小棍换成直的铁丝。结果乌鸦用喙把铁丝一端弄成钩状，钩出瓶中装有食物的小小桶，再次取得食物。

　　在新西兰奥克兰大学的研究人员所进行的一项实验中，研究者把一块肉放在乌鸦够不到的盒子深处，然后把一根长树枝放在另一只乌鸦不能直接够到的盒子深处，乌鸦唯一可以直接得到的是一截短树枝。结果，乌鸦先用短树枝把长树枝拨到盒子外面，然后利用长树枝够出肉。由此可见，这些黑羽机灵鬼真的是在利用推理解决问题。

信不信由你
——动物天气预报员

　　一贯自视甚高的人类，在自然界风云变化面前，有时又会相信动物比我们更有感知力，尤其是对于预报地震或天气这样的活计，好像很多动物都比我们更会算，相关的谚语也不胜枚举，比如"蚯蚓路上爬，雨水乱如麻""蚂蚁成行，大雨茫茫；蚂蚁搬家，大雨哗哗，蚂蚁衔蛋跑，大雨就来到""燕子低飞，蛇过道，大雨不久就来到"，这几条跟下雨有关的谚语，究竟有没有包含科学道理呢？

　　原本生活在土壤里的蚯蚓，是靠自己湿润的皮肤呼吸土壤空隙中的氧气的，下雨之前空气湿度大，土粒黏合在一起，土壤中氧气含量减少，它们不得不钻到地面上呼吸；蚂蚁也不喜欢潮湿的巢穴，所以大雨前只好往高处干燥的地方搬家；至于下雨前低飞的燕子，则是为了捕捉那些因翅膀沾有水汽变得沉重而无法高飞的昆虫——说来说去也还是因为空气湿度大。这样看来，这几个动物预报员还是靠谱的，不过你仔细一想，这是动物对已经发生的天气变化做出的相应反应啊，预报的"预先"含义，并没有明显体现。人在夏天大雨来临之前，也会觉得格外闷呢！

土拨鼠 "预报员"

中国有诸多动物会预报雨，美国则有靠土拨鼠来报春的传统。在美国宾夕法尼亚州的小镇旁苏托尼，人们用土拨鼠来预测春天何时到来的传统已经有一百多年。这种做法最早源自德国，不过在德国的版本是这样的：每年 2 月 2 日为"圣烛节"，天主教徒们会在这一天点起蜡烛，如果这一天天气晴好，阳光明媚，就说明冬天还要继续，如果这一天是云雨天气，就说明冬天就要结束了。德国移民在美国宾夕法尼亚州定居后，便把这个传统带到了美国，"报春"的任务也交给了美国"原住民"——土拨鼠。

土拨鼠又是如何报春的呢？据说，土拨鼠在每年的 2 月 2 日都会出洞，如果那天天气晴朗，它看得见自己的影子，就会吓得躲到洞里继续冬眠，这就表示春天还要六个星期以后才会到来；反之，如果它出洞这一天是多云或阴雨的天气，土拨鼠看不见自己的影子，就会大胆地出洞活动，这就表示寒冬即将结束。听起来是不是很玄乎？让我们来一点点抽丝剥茧。

不难发现，虽然在美国土拨鼠承担了天气预报员的角色，但实际上这种预报并不是根据土拨鼠冬眠复苏的自然规律，判

座头鲸的双面生活

断标准并没有改变，无论是德国版本还是美国版本，报春的关键都是 2 月 2 日的天气情况。那么，仅凭某一天的天气情况来断定当年春季是否到来，靠谱不靠谱呢？我们可以换个思路来看这个问题。除了美国，加拿大也有两个地方把土拨鼠日定在 2 月 2 日，但加拿大位于美国以北，处于更高的纬度，所以春回大地的时候，必然是先光顾美国再光临加拿大。而且，这个传统起源于欧洲，欧洲的天气经验是否适合北美洲，这本身就有待商榷。

如果撇开 2 月 2 日天气是否晴朗这一点，假定报春是根据土拨鼠在 2 月 2 日这一天是否结束冬眠、恢复活跃的生活状态，是不是就有道理了呢？回答这个问题，我们需要先了解一下土拨鼠。

看土拨鼠不如抛硬币

土拨鼠又名"旱獭"，主要分布于北美大草原地区，属啮齿目松鼠科。这些憨态可掬的小家伙特别善于掘土挖洞，在地道里铺上干草，为自己造个安乐窝。

对于寒冷的冬天，土拨鼠奉行"储食于洞，不若藏脂于身"的抵御策略，它们在夏秋两季努力进食，在体内贮存脂肪以维持冬季在洞内冬眠。

土拨鼠属于深度冬眠者，冬眠时呼吸和心跳都会大大减速，体温接近冰点，这些生理变化降低了新陈代谢速率，生命活动在最低能耗中继续。当环境温度回升到一定高度时，深眠的动物就能被唤醒，慢慢升高自己的体温，这也被称为"出眠"。因此，根据冬眠动物复苏的时间来考量外界气温的变化趋势，实际上还是很有参考价值的。只可惜，我们的土拨鼠预报员并不是自然苏醒来报春的使者，它们往往是在 2 月 2 日这一天被强行唤醒的。当你看到沉睡的土拨鼠被人从冬眠的树洞里抱出，一副睡眼惺忪、任人摆布的窘态，你觉得它的预言能靠谱吗？

事实上，每年 2 月 2 日，即土拨鼠日，大批游客会赶到旁苏托尼小镇来一睹土拨鼠天气预报员的风采，对于他们来说，与庆祝节日和欣赏土拨鼠憨态可掬的模样相比，天气预报结果似乎已经不是那么重要了。土拨鼠已经沦为了一个纯粹的表演道具，而土拨鼠日已经成了当地热门的旅游节日。

有专家做过统计，土拨鼠报春准确率不到四成，换言之，这还不如抛次硬币出现正面的概率高呢！所以，如果土拨鼠会说话，它们大概会伸伸懒腰，深深叹口气："信我？你们还不如自己抛硬币！还是让我好好睡到自然醒吧！"

非常问

动物会迷信吗？

人类有时对于自己不能解释的现象会产生迷信的想法，那么动物呢？美国著名心理学家斯金纳曾做了一个实验，实验对象是 8 只鸽子。他连续几天喂这些鸽子少于它们正常进食量的食物，于是在测试时它们均处于饥饿状态，这增强了鸽子寻找食物的动机。测试时，他让每只鸽子每天在实验箱里待几分钟，对其行为不做任何限制。在此期间，每隔 15 秒自动投食 1 次，由两名观测者独立记录鸽子在箱子中的行为。实验结果表明，8 只鸽子中有 6 只产生了非常奇怪的新行为（两名观察者得到了完全一致的记录结果）：1只鸽子形成了在箱子中逆时针转圈的行为，在2次投食之间转2到3圈；1只鸽子反复将头撞向箱子上方的一个角落；1只鸽子似乎把头放在一根看不见的杆下面并反复抬起它；还有2只鸽子的头和身体呈现出一种摇摆似的动作，头部前伸，并且从右向左大幅度摇摆，接着再慢慢地转过来，身子也顺势移动，动作幅度过大时，它们还会向前走几步；还有1只鸽子形成了不完整的啄击或轻触的重复性行为，动作直冲地面但并不接触地面。

上述新行为和鸽子得到食物毫无联系，因为食物是每隔15秒自动投放的，但鸽子的表现说明它们好像相信自己的行为会导致食物的出现似的——鸽子变得迷信了！

通常在建立条件反射的实验中，比如鸽子啄绿色按钮，就会得到食物，这是一种正向的强化，鸽子会理解啄绿色按钮会带来食物；而本实验中，食物的出现是按时设定的，本不该对鸽子产生强化效果，但鸽子居然自己发展出了一套迷信体系。其实这些迷信行为的根本原理就是迷信者将自己行为与结果之间的联系强化了。

座头鲸的双面生活

珊瑚礁的瑰丽世界
——石头里的肉身奇迹

珊瑚，是戴在身上的首饰，是置于案台的摆件，是一种生物，是一片礁，是一种五彩缤纷，是一堆奇形怪状。

澳大利亚，以它的大堡礁闻名于世，有机会你一定要亲眼去看看，然后你就会明白，珊瑚，绝不仅仅只是首饰、摆件，它更是海里的一座乐园。

2013 年 8 月，我去了澳大利亚北端的凯恩斯，先乘坐游轮出海，来到礁石集中的海域，转而乘坐船舱很深的小型海下观光船，透过两侧的舷窗望向蔚蓝的海世界，注意，我直接看到的是海面以下的风光——惊艳至极！各色各态的珊瑚礁亭亭玉立，大鱼小鱼时而环绕，时而从某个珊瑚礁洞钻出来。清澈的海水使得阳光可以投射进来，于是我偶尔就会产生错觉——好像鱼并不是游在水里，而是悠闲地游在蓝天之上、光束之间，自己宛若置身于梦幻天堂。还有一只大海龟，优雅地穿行，那一种淡定，让你的心跳也跟着舒缓下来。珊瑚礁营造了热带浅海的瑰丽乐园，那么它们是如何形成的呢？谁又是这里的常住

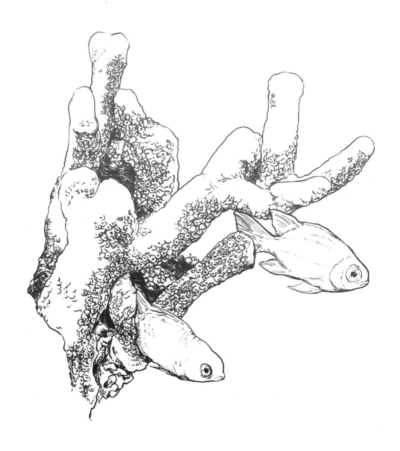

民或访客？而珊瑚虫的月夜浪漫又是怎么一回事？

米粒大小的建筑师

我必须先介绍的是，珊瑚虫是一种腔肠动物，个头只有米粒大小。什么是腔肠动物呢？简单地说，它们就是由两层细胞套装在一起形成的简单生物。两层细胞间是细胞分泌的胶质，内层细胞里的空腔是它们消化食物的地方，想想我们消化食物的地方被称为肠子，那么它们被称为腔肠动物也不足为奇了，它们身体中的空腔就相当于它们的肠子嘛！珊瑚虫有口，但是没有肛门，所以食物进口之后，消化的残渣也是通过口排出体外的，听起来有点儿恶心。口周围有六个或八个触手，可以用来捕捉海洋里的浮游生物。

珊瑚虫吸收海水里的钙质，分泌出石灰质的外骨骼保护自己。当很多珊瑚虫生活在一起成为群体时，它们的外骨骼也连成了一片。珊瑚虫死亡之后，外骨骼却保留了下来，新生的珊瑚虫往往会附着在前辈们的遗骸上生活，所以长年累月之后，小米粒般大的珊瑚虫，竟然代代相传地造出了巨大的珊瑚礁石，甚至是珊瑚礁岛！

我们看到的珊瑚礁颜色多变，赤红的、墨绿的、亮蓝的、灰白的、明黄的，不胜枚举。这些颜色的存在主要是由于珊瑚虫体内共生着单细胞藻类——虫黄藻。虫黄藻的身体就是一个单个的细胞，里面含有色素分子，而这些色素分子会吸收不同波长的光，没有被吸收的光就被反射出来，因而呈现的颜色也就不同了。大家看见过彩虹吗？那是水滴分子对阳光的折射，使得看起来白花花的阳光中，各种色彩成分被分列出来。我们看到树叶是绿的，就是因为树叶细胞里的叶绿素分子把除了绿光以外的阳光成分都大量吸收了，那么没有被吸收的绿光就被反射出来，进入我们的眼睛。

你可能要问：这些虫黄藻为什么会与珊瑚虫共生呢？想想我们自己与肠道益生菌的和谐共处吧。珊瑚虫和虫黄藻也是一样，它们互相帮忙，促进了彼此的生存。珊瑚虫单靠自己的触手捕食远远不能满足需要，而虫黄藻可以像植物一样利用光合作用制造出氧气和营养物质并排出体外。不要忘记，虫黄藻就住在珊瑚虫的腔肠里，所以这些营养物质和氧气就被直接排在珊瑚虫的腔肠里，被珊瑚虫消化吸收。而珊瑚虫的身体细胞排放出的二氧化碳和一些含氮含磷物质，又为虫黄藻的生存提供了养分。

同时，研究表明，虫黄藻吸收珊瑚虫排出的二氧化碳有利于珊瑚虫制造石灰质的外骨骼。所以近年来出现的珊瑚白化现象，其实与虫黄藻密不可分。所谓珊瑚白化，就是指原本艳丽的珊瑚失去了颜色，变得灰白，其原因在于高温、污染等环境变化严重威胁了虫黄藻的生存，而失去了虫黄藻的珊瑚，也就失去了色彩的来源。

座头鲸的双面生活

当然，失去了虫黄藻的珊瑚虫，也很可能因为营养不良而死亡。事实上，珊瑚礁往往只出现在水温二十度左右、水质优良的浅海地区，这样的海水里才能有合适的阳光满足虫黄藻光合作用的条件。这也解释了为什么珊瑚不仅形状上那么像植物，而且它们还真的向着上方有阳光的方向生长。

满月下的繁殖盛会

明白了珊瑚虫怎么生存，下一步我们就要看看它们怎么产生后代了。珊瑚虫的肉身被限制在珊瑚里，它们无法移动去寻找对象，可是没有关系，珊瑚虫的有性繁殖是月光下的浪漫相约，场面堪称壮观。春天到来，水温渐升，这是给珊瑚虫的一个信号，但是光有温度条件还不够，还要算算月圆月缺，其实就是要等待潮汐变化。

晚春满月后的几天，潮汐力量最弱。此时，珊瑚虫们开始"喷烟吐雾"——其实那不是什么烟雾，那是数量庞大的精子、卵子！精子和卵子在海水中相遇结合，形成"浮浪幼虫"。顾名思义，这些幼虫可以在海浪中浮游，仰仗着它们周身的纤毛摆动。几日后，幼虫便会固定在某处前辈的礁石上，开始生长。还有一些雌雄同体的珊瑚虫，它们释放出的则是被精子包裹着的卵子。神奇的是，不同的珊瑚虫，会在各自特定的时刻释放精子、卵子，为的是最大限度地保证同一种类珊瑚虫的精子和卵子可以相遇，增加成功受精的机会，因为不同种的精子和卵子相遇也是白搭。

珊瑚虫造就了珊瑚礁,而珊瑚礁则惠及了一大批海洋生物，这也是珊瑚礁被称为"海中花园"的原因。不过事实上，这个花园里不同的生物之间充满了空间上和食物上的竞争，甚至珊瑚虫、珊瑚礁本身，也面临着意想不到的危机。

棘冠海星又被称为"魔鬼海星""珊瑚杀手"，它们有 9 只～ 20 只触手，有剧毒，最爱吃珊瑚虫，一天能吃掉约 2 平方米的珊瑚，留下白色的珊瑚骨骼。有时候，棘冠海星甚至把自己的内脏喷吐出来，整块地消化珊瑚礁。澳大利亚大堡礁约有 1/5 的面积曾经在 70 年代惨遭棘冠海星的蹂躏。不过一物降一物，以珊瑚礁为家的小螃蟹面对体形大过自己的棘冠海星毫不胆怯，举起两只小钳子咔嚓咔嚓攻击珊瑚杀手脆弱的腹部，剪断珊瑚杀手触手上的棘刺，击退入侵的敌人，保护珊瑚礁。

巨头鹦鹉鱼是大块头，更可怕的是它们强有力的嘴，为了吃到藻类，可以一口一口地啃下珊瑚礁，那感觉就像吃嘎嘣脆的薯片一样，它们理应为珊瑚礁的损耗承担责任。不过，这些被吞下的珊瑚礁石和其他岩石经过巨头鹦鹉鱼的消化道再被排出的时候，已经成了细腻的沙子，而这些沙子造就了令人着迷的热带海滩，当人赤脚踏上海滩的时候，会有非常温柔的触感。

对珊瑚礁来说，还有一个大敌是无坚不摧的暴风骤雨。一场狂暴的风雨会带来力量巨大的海浪，极大程度地摧毁珊瑚礁。那种残垣断壁、枝杈满地的场景，与陆地上龙卷风过境给森林造成破坏后的场景是非常相似的。好在珊瑚虫依然会在这残败景象中固定、生长，虽然缓慢，但终有一天，它们又会积累起一片珊瑚礁石。

非常问

有什么办法能拯救美丽的珊瑚礁？

澳大利亚海洋研究所的麦克尼尔·亚伦（M.Aaron MacNeil）和他的研究团队发现，有限制性的渔业捕捞，可以切切实实地帮助珊瑚礁生态系统结构、功能的恢复。

无论是系统中处于顶级捕食者行列的鲨鱼、鲸，还是其他被捕食的小鱼小虾，它们都是系统必不可少的组成部分。研究团队测算了不同地点的珊瑚礁生态系统中的鱼类生物量、种类、食性等，估算出当地渔业对珊瑚礁的影响。不同地点状况不同，远洋的皮特凯恩岛和复活节岛的渔业对珊瑚礁而言是没有影响的，而巴布亚新几内亚群岛和关岛附近的珊瑚礁生态系统则濒临崩溃。

限制渔业捕捞是否真的有利于珊瑚礁生态系统的恢复呢？答案是非常肯定的。数据显示，在大多数已经开展保护的地区中，只需要35年，珊瑚礁生态系统中的生物量状况就可以恢复到之前90%的水平；即便之前系统遭受过重创，也只要60年就可以恢复。不要嫌几十年长，至少我们在有生之年可以亲眼目睹。当然，科学家并不强求实施完全禁渔法令，因为这会大大影响相当多的人的生活，不过，他们认为至少可以在捕猎工具、捕猎鱼种等方面加以考量和限制。亡羊补牢，为时未晚，积极的举动哪怕再微小，也有滴水穿石的力量。

响屁不臭，臭屁不响
——屁的学问

场景一：上课时，你正在专心听讲，突然嗅到一股恶臭，仿佛还带着温热的气息，你环顾四周，发现周围的同学都捂起了鼻子、皱起了眉头，你的同桌却非常镇定，他投向老师的目光格外坚定，于是你断定他就是那个默默放了个大臭屁的人。

场景二：上课时，你正在专心听讲，突然平地一声雷响，所有人的目光都扫射向声源，被目光聚焦的那个同学恨不能找个地缝钻进去，大家哄堂大笑，你们都知道，他就是那个放了个大响屁的人。

这正是印证了那句俗语：臭屁不响，响屁不臭。有没有道理呢？解决这个问题前，我们先来了解一下，究竟什么是屁。

屁是一股什么气

你知道，从你的嘴巴开始，然后是咽喉、食道、胃、小肠、大肠，最后到肛门，这是一条完整的消化道。食物从嘴里吃进去，在胃里被碾磨，在小肠里营养元素被消化吸收，未被消化吸收的食物残渣在大肠里被压缩、干燥，最后囤积到一定的体积，压迫肠壁，引起排便意识，最后被排出体外。好，这跟屁有什么关系？这说的不是屎吗？没错，莫急。

当你吞咽食物的时候，你也往消化道里吞下去了空气，那里面大约有21%的氧气、78%的氮气和1%的其他气体。

食物在消化过程中，在消化酶的帮助下，进行着各种复杂的化学反应，在这些反应的过程中，也会有气体产物的排放，比如甲烷、氢气、二氧化碳等。

食物进入消化道时携带的空气和食物消化时产生的气体共同构成了肠道气体，这里面有59%是氮气，21%是氢气，9%是二氧化碳，7%是甲烷，3%是氧气，1%是各种其他气体。

这些气体总是待在肠子里也不是个事啊！幸亏肠道一直在蠕动，就推送着气体沿肠道下行，最终它们就从肛门出逃。成年人平均每天要放14个屁，总体积达到500立方厘米，就像小瓶的可乐瓶那么大。高速冲出的屁扩散速度可达3米／秒。而屁有种温热的气息并不是错觉，你想，它从体内排出，温度确实在37℃左右呢。

下面我们回归问题。"响屁不臭，臭屁不响"到底有没有科学道理呢？

你要知道，放屁时的尴尬感觉是相似的，但屁和屁本身却是不同的。

座头鲸的双面生活

N₂ 59%
H₂ 21%
O₂ 3%
其他气体 1%
CO₂ 9%
CH₄ 7%

　　大多数情况下，屁的主要成分就是我们吞咽下去的空气，无非是氮气、氧气之类，臭吗？当然不臭啊，这就像你每天呼吸的空气，有臭屁的味道吗？没有，因为氮气、氧气本身都是没有气味的气体。不过，这样的气体虽然不臭，但因为聚集成团，冲出肛门的时候会爆发出异常响亮的声音。故响屁不臭。

　　另一些屁，主要成分是消化道进行食物消化时产生的气

大嚼科学
动物卷
❷

体，尤其是那些常驻消化道的细菌，它们在消化食物的时候，往往产生各种有臭味的气体，其中硫化氢是头号臭气。那种坏了的鸡蛋就会发出这种恶臭味。唯一可以安慰的是，这种臭气在肠道里是以小而分散的气泡存在的，所以逃出肛门的时候，往往不会造成那么大的动静，可谓"熏人悄无声"。故臭屁不响。

大庭广众之下放屁，或是响彻云霄，或是臭气熏天，这些情形都是够尴尬的，不过还有一种更可怕的情形就是，你原本以为只是放屁，结果粪便喷到了裤子上！哦，别光顾着幸灾乐祸，你有没有想过，其实屎和屁都是从肛门离开身体的，那么肛门怎么来控制和把关呢？原来，肛门靠的是肛门周围敏感的神经来区分压力来自屁还是屎，从而决定放还是不放。可惜，当粪便很稀，又混杂了气体的时候，神经的感觉也会被混淆，于是把稀便和屁一股脑儿都放了出来。

多屁也是麻烦事

虽然说放屁是一种正常的生理现象，不过放屁过多或过臭往往也预示着一些问题。比如，放屁过多，可能是吃饭的时候狼吞虎咽，吞下了太多的空气；如果放屁常有恶臭，可能是因为蛋白质含量高的食物进食太多，简单来说就是吃得太荤时，消化产生的物质往往很臭；如果放屁有腥臭味，那可要引起重视了，很有可能是消化道有溃烂出血的情况，所以屁才带有了腥臭味。

豆类、玉米、牛奶、鸡蛋、洋葱、大蒜、土豆、青椒等都是吃多了会使人放屁的食物，因为它们含有较多小肠无法消化吸收的成分，于是便宜了肠道细菌，而肠道细菌在分解过程中就产生了大量气体。

不过，人也不算是最能放屁的动物，奶牛就经常被人嘲笑很会放屁。曾有一则报道说，德国一处牛棚由于奶牛放屁太多，积累的甲烷含量过高，结果静电火花引爆了牛棚，掀了棚顶，还轻伤了一头奶牛。你看，屁居然还能引爆燃烧。

等等，屁可以燃烧？那么把牛屁收集起来岂不就是燃料了吗？！你别说，还真有科学家在打奶牛的主意！阿根廷科学家最近让奶牛背上轻质的全塑储屁罐，把从罐子一端延伸的管子插入奶牛的肠道，收集它们排放的气体，一天可以从中提取300升甲烷。奶牛变成了一个微型"能源站"。这听起来倒是个不坏的主意，只是有考虑过奶牛的感受吗？它们吃的是青草饲料，贡献出的是牛奶，却还要背着自己的屁，肠子里还被插上截管子——这样对奶牛真的好吗？

有一类动物总是默默地排放出总量可观的甲烷，它们是谁呢？

答案可能有点儿出乎意料——白蚁！人们常常把白蚁和蚂蚁混为一谈，其实这是两个物种。平均来说，每只白蚁每天能排放大约0.5微克的甲烷，听上去不值一提，但是考虑到全球数量惊人的白蚁，每年来自白蚁的甲烷排放量高达2000万吨！

其实白蚁也挺冤枉的，甲烷并不是它们亲自造的，它们排放的甲烷来自其消化道内共生的甲烷菌。甲烷菌是一类古老的生物，必须待在无氧的环境中，比如湿地土壤、动物消化道和水底沉积物等。在白蚁肠道内的甲烷菌在消化食物的同时产生了甲烷。不过白蚁体内的甲烷排出体外后，并非悉数进入大气中，如果白蚁生活的环境中有很多甲烷氧化菌的话，甲烷氧化菌可以直接利用这些甲烷气体。据估算，土壤中甲烷氧化菌的氧化作用消耗的甲烷，大约占大气甲烷消耗量的10%。

座头鲸的双面生活

不走寻常路的"怪咖"们之一
——不在水里好好待着的鱼

鸟在天上飞，鱼在水里游——天经地义的事往往会被一些"怪咖"打破，比如说鱼不在水里好好待着，鸟长着翅膀却只能在地上挪步。

在海滩上散步的鱼

日本的淤泥海滩上，有一种不走寻常路的弹涂鱼——哦，寻常的鱼才不会走路呢，但不寻常的弹涂鱼，倒是混在淤泥里，怪模怪样地走起了路。要怎么形容弹涂鱼呢？淡褐色的身体上，稀疏地分布着一小堆一小堆的暗绿色斑点，只看它的大脑袋，倒是有点儿像青蛙。它的整个身体像是要从鱼类进化到两栖类，却又半途而废的样子。弹涂鱼在淤泥里怎么行动呢？游是不可能的，但它也没本事走，只能靠着胸鳍挪步子了。弹涂鱼的胸鳍较寻常的鱼类要强劲有力，可以像肢体一样前后扒拉，身子跟着一扭一扭，背鳍也会时不时地竖起张开或收拢放下。偶尔，弹涂鱼还可以借助尾部叩击地面，使得自己可以做一米以上距离的跳跃。不过通常只有受到惊吓时，弹涂鱼才会做远距离跳跃。

弹涂鱼的行动显得艰难而滑稽，但作为鱼，它可以脱离水体，实在是让人刮目相看。它是如何做到在陆上呼吸的呢？

要搞清楚这个问题，我们先要看看寻常的鱼类是怎么在水里呼吸的。鱼类不像我们人类是用肺呼吸，它们靠两鳃呼吸，平平的鳃盖一张一合，让水流不断地流经鳃盖里的鳃丝。水流里的氧气含量比较高，而流经鳃丝的血液中氧气含量较少，氧气就自然地扩散到血液中去了。

弹涂鱼鼓鼓囊囊的两鳃让它的脑袋看起来比身体大不少，正是这样的两鳃使得弹涂鱼离开水体也能呼吸。事实上，弹涂鱼仍然没有本事直接从空气中吸取氧气，它们是先让水充满两颊，然后仰天大吸一口空气，让空气尽可能地溶解在两颊储存的水里，而鳃丝里的血液同样是通过含氧水流来获取氧气，等于说，弹涂鱼用两颊为自己创造了一个呼吸的水环境。

除此之外，皮肤也在呼吸中帮了大忙。大家大概都听说过，两栖动物如蛙、蟾都是可以利用湿润的皮肤进行呼吸的。弹涂鱼也是这样，只要保证了皮肤的湿润，空气里的氧气就可以溶解在皮肤表面的水分中，然后进入到弹涂鱼的身体，而身体里产生的二氧化碳也可以排出体外。对弹涂鱼来说，干燥是天大的麻烦，如果皮肤干燥了，呼吸也要受到极大影响。所以，弹

涂鱼要时不时地在淤泥水洼里滚一滚，以保证身体表面湿润。

弹涂鱼为什么要把自己的生活搞得如此不堪呢？当然是有非常充分的理由的——淤泥里富含微小的动植物，这些动植物都是弹涂鱼爱吃的食物。你没有听错，看起来灰蒙蒙、黏糊糊、湿漉漉的淤泥，弹涂鱼趴在那儿，大脑袋左右摆来摆去，就是在大口大口、稀里哗啦地吃泥呢，那样子有点儿像是在犁田。淤泥吃到嘴里，它并不着急咽下去，它将滤出的食物咽下去，而将其他的淤泥，扑哧一声，都从鳃里排到了体外。

鱼中的飞行高手

不走寻常路的鱼，除了在泥地里摸爬滚打的弹涂鱼，还有时不时地飞到空中兜风的飞鱼——哦，我这样说显得太轻松了，其实飞鱼每一次飞离海面，都是一次迫不得已、惊心动魄的大逃亡。波澜壮阔的大海里的生活并不平静，生活在海洋上层的飞鱼，其实有不少天敌——鲨鱼、金枪鱼、剑鱼等，哪个都不好惹。惹不起就只能躲，往哪里躲呢？往天上躲！飞鱼进化出特别发达的胸鳍，长长的胸鳍收拢时，能一直延伸到尾部，而张开时，就像鸟类的翅膀。不过这冒牌的"翅膀"并不能扑扇着提供飞翔的动力，飞鱼的飞翔，准确地说只是滑翔。即便只是滑翔，也不要小看了它，它能跃出水面十几米，在空中停留时间最长能超过 40 秒，滑翔最远距离能达到四百多米，这些数据怎么看都足够精彩！

　　鸟翼般的胸鳍帮助飞鱼在空中滑翔，但这腾空一跃的最初动力还要追溯到海里。具有流线型的优美体形的飞鱼在水中游动的速度可以达到每秒 10 米。这样的高速游动就像是飞机起飞前的助跑。当天敌迫近，飞鱼会胸鳍紧贴身体减小阻力，加速游向水面，尾部用力拍水获得腾跃的反推力。跃出水面后，飞鱼迅速打开胸鳍、腹鳍向前滑行。跌落水面时，飞鱼尾部又可以拍击水面再次跃起。

　　遗憾的是，飞鱼虽然靠这样的逃亡一时躲过了海里的天敌，却有可能撞上空中的冤家，比如军舰鸟，甚至有可能撞上礁石或落在渔民的甲板上。说句玩笑话，天上掉馅饼的好事不一定有，天上掉飞鱼的情况倒并不罕见。飞鱼肉质鲜嫩，是上好的食材，渔民会利用飞鱼的趋光性，在夜间利用甲板上的灯引诱飞鱼自投罗网。你如果看过电影《少年派的奇幻漂流》，一定会记得万千飞鱼竞相飞跃海面的壮观情景。加勒比海东端的珊瑚岛国巴巴多斯是个出产飞鱼的地方，你如果有机会去那里，一定要记得去看飞鱼在空中滑翔时留下的优美弧线，只是不要忘记，它们是用生命在竞速。

　　不在水里好好待着的鱼，无论是身陷泥潭混日子，还是飞跃空中躲敌害，都是自然赋予这些"怪咖"们的生存特技，而旁观它们生命奇迹的我们，只能以十二分的敬意去赞叹进化给这个星球带来的多样性。下一篇，我们来拜访一些不会飞的鸟。

非常问

从水生到陆生的转变
会带给动物哪些挑战呢?

挑战是多方面的,文中已经提到的一大挑战就是呼吸问题,这最终导致陆生脊椎动物进化出湿润高效的呼吸器官——肺。从水生转变到陆生,最大的环境变化就是生活介质的巨大改变。不再生活在水环境中,浮力随之消失,这便带来了动物承重的问题。你回忆一下长时间泡在游泳池里再上岸的感觉——双腿简直像灌了铅一样难以挪动。水生动物借助水产生浮力,受重力影响较小,靠鳍和躯体的摆动就可完成运动;然而陆生动物要想在陆地上运动,则没那么容易,不但需要用强健的四肢抵抗重力、支撑身体,还必须能推动身体沿着地面移动,这一机能的要求带来了身体结构上的进化。鱼类的鳍结构简单,肩带直接附在鱼头骨后缘,只能完成单一支点的转动动作,活动方式和范围都很有限;而适应陆生的五趾型附肢进化出具有多支点的杠杆结构的关节,肩带是游离的,好处显而易见——前肢摆脱了自身头骨的制约,活动范围增大,动作的复杂性和灵活性也增强了。另外,鱼的腰部不和脊柱关联,作用很小;而现代四足动物的腰部则与脊柱相连，作为脊柱与后肢之间的桥梁，构成支持体重和运动的主要工具。

陆生动物还要面临体内水分蒸发的问题。陆生动物一般都有防止水分散失的结构，比如爬行动物的鳞或甲。陆地环境较为复杂，因而陆生动物普遍具有发达的感觉器官和神经系统，从而能够对多变的环境做出及时的反应。

当然，生存问题之后还有生殖问题，同样还是水！鱼类是直接把精子和卵子排放到水中，任由其自由结合；陆生动物就不能这么干了，只能通过体内受精的方式，让生殖细胞一直处在水环境中，无论是爬行动物和鸟类的硬壳蛋，还是雌性哺乳动物的子宫，都是为了确保新生命在水环境的保护下茁壮成长。

不走寻常路的"怪咖"们之二
——飞不上天的鸟

　　要说飞不上天的鸟，也不算什么新闻，企鹅、鸸鹋、鸵鸟，个个都是空长着翅膀，只能仰望蓝天，可望而不可即。可是要说飞不起来的鹦鹉，大家还是会颇感意外吧？毕竟鹦鹉在我们印象中还是飞得挺伶俐的鸟。

不用翅膀的鸟

　　这种飞不上天的鹦鹉，名字很响亮，叫作"鸮鹦鹉"。鸮是猫头鹰，夜间行动的猛禽，鸮鹦鹉恰恰也是夜行者，而且也长有像猫头鹰那样的大脸盘，因而得名。这种生活在新西兰的鹦鹉在当地土著人的毛利语中被称作"Kakapo"，"kaka"是鹦鹉的意思，"po"是夜晚的意思。鸮鹦鹉是新西兰的特有物种，身体结构和行为习惯上也有很多与众不同的地方，而这一切得从非常非常遥远的大陆分离开始说起。

　　大约一亿年前，新西兰从冈瓦纳古陆分离出来之后，原始

的物种便在这块独立的土地上繁衍和演化。如孤岛一般存在的新西兰，自然条件优越，又缺乏哺乳类掠食者，于是鸮鹦鹉在演化过程中，就逐渐丧失了飞行的本领，因为生活太安全、太舒服，飞行这么耗费体力的事情，实在没有存在的必要了。

相应地，鸮鹦鹉身体结构也发生了变化。飞鸟往往有发达的被称作"龙骨突"的胸骨，使与飞行相关的肌肉附着在上面，鸮鹦鹉是没有的。不用飞，也使得鸮鹦鹉无须保持身体的轻盈，它们在体内储存了大量的脂肪，以备不时之需。鸮鹦鹉体形肥大而浑圆，体重达到 1.8 千克～4.1 千克，绝对是鹦鹉中的重量级选手。它的翅膀还在，不过短小得可怜，与它肥圆的身体形成滑稽的对比。当然，小短翅还是非常重要的，虽然没法飞翔，但为鸮鹦鹉走路和爬树提供了平衡身体的作用。

鸮鹦鹉全身的羽毛非常柔软，这和普通的飞鸟也很不同。你见过鹅毛笔或羽毛扇子吗？或者你打过羽毛球吧？鸟类的飞羽通常是非常坚挺的，因为"御风"飞翔是要承受空气阻力的，所以飞羽必须要有一定的强度和刚度，不难想象，飞鸟如果仅仅披着一身柔软的绒毛，是不可能飞起来的。不仅是鸮鹦鹉，新西兰的国鸟——几维鸟（学名鹬鸵），也是一种飞不起来的鸟，全身都是软毛，肉乎乎的，它们的毛皮甚至可以像兽毛皮一样被做成保暖的披风。新西兰首都惠灵顿的蒂帕帕国家博物馆里就珍藏着用几维鸟的柔软毛皮织成的披风，里面还混杂着几撮鸮鹦鹉美丽的绿莹莹的羽毛。毛利人的一句谚语——拥有鸮鹦鹉披风却仍然埋怨寒冷，被用来形容那些贪得无厌的人。

　　鸮鹦鹉不能飞，那么身体就要为行走和攀爬做出相应的变化。它们的腿短而粗壮，爪子大而有力，方便在树枝间攀爬；喙大而坚硬，在攀爬时常常被当作第三只爪子，咬住树枝，稳定身体位置；喙旁边有灵敏的羽须，在地面上低头前进时可以感受到地面情况。

　　鸮鹦鹉主要是草食性的，植物的叶子、花粉、种子、果实都在它们的食谱之上，不过，它们的偏爱——高大乔木的果实就不是那么唾手可得了。不会飞的鸮鹦鹉为了美食只能笨拙而执拗地向上攀爬，嘴脚并用，作为鸟类的一员，这种行为看起来实在是有点儿尴尬。不过看着尴尬没有关系，吃到美味就是赢家。在《最后一眼》这本描述濒危动物的书里，作者调侃道：

"鸮鹦鹉不仅已经忘记了怎么飞，似乎还忘记了自己已经忘记了怎么飞这回事！"这句话读来实在是拗口，但这就是鸮鹦鹉的窘境，它们有时候会从树上"飞"下来，但短小的翅膀已经不能提供飞的动力，结果所谓的"飞"下来更像是跳下来，好在扑棱翅膀还能提供点儿滑翔力，并且蓬松柔软的身体和体内的脂肪就像缓冲垫，它们一般也不会出什么大事。

夜间巡游者

鸮鹦鹉是夜行者，其嗅觉系统很完善。它们在觅食的时候，可以通过嗅觉来辨别食物，而大部分飞鸟嗅觉都不怎么灵光，主要靠的是敏锐的视力。这大概也是鸮鹦鹉成为夜行者的原因之一——躲避新西兰岛上那些在白天活动的鹰类。

鸮鹦鹉本身还能散发出类似果香或蜜糖的香气，人们猜测这是鸮鹦鹉种族内互相沟通的方式之一。不过问题来了，哺乳类掠食者往往都有发达的嗅觉系统，鸮鹦鹉的气味无疑给它们提供了"食物在此"的信号。鸮鹦鹉不会飞，甚至也跑不快，它们唯一的办法就是保持一动不动，企图利用自己以苔藓绿为主的羽色隐匿在环境中，但是气味是藏不住的呀！你大概要问了：鸮鹦鹉怎么可以这么蠢，进化出这么糟糕的防御机制？

千万不要忘记，鸮鹦鹉在新西兰已经无忧无虑地生活了上百万年，在这百万年间，新西兰是没有那些嗅觉灵敏的哺乳类掠食者的。鸮鹦鹉在夜间活动,一是躲开了白天的鹰类,二是夜间遇到天敌笑鸮,保持不动也很有效。所以,鸮鹦鹉在进化中逐渐卸下了自己的其他装备以减小能耗,成功地广泛分布在新西兰的大部分地区。

不过,在最近的几百年,它们遭受了致命的打击,先是毛利人的到来,然后是欧洲殖民者的到来,人类活动的加剧首先向自然索取了广阔的土地:森林被砍伐,耕地或牧场多起来了,破坏了鸮鹦鹉的家园。殖民者掠夺它们的皮毛和肉,或者是把它们捕捉来当宠物饲养。更为严重的是,人类带来了大量的草食性动物,如兔子、鹿,以及肉食性动物,如狗、猫、鼬,草食性动物成了鸮鹦鹉有力的食物竞争者,而肉食性动物则直接成了捕杀鸮鹦鹉的猎手。我们前面已经说了,鸮鹦鹉过了上百万年的太平日子,根本没有防御狗、猫、鼬的能力,而区区几百年的时间,绝对不够它们重新把自己武装起来,它们所面临的命运只能是种群数量的锐减以至濒危。

从 19 世纪末期开始,新西兰政府就开始着力保护鸮鹦鹉,做了很多次尝试,效果并不尽如人意。比如,1894 年至 1900 年,新西兰将两百余只鸮鹦鹉带到雷索卢申岛自然保护区,寄希望于它们可以在这片净土繁衍壮大,岂料 1900 年有相当大数目的白鼬游过大海登陆雷索卢申岛,仅仅用了六年的时间,就把岛上的鸮鹦鹉赶尽杀绝。类似的事情一直无法禁绝,鸮鹦鹉一度被认为已经灭绝。到了 20 世纪 80 年代,新西兰保育部开始实施针对鸮鹦鹉的孤岛恢复计划，即把鸮鹦鹉带到远离新西兰内陆的孤岛上，灭绝岛上鸮鹦鹉的天敌，对上岛的人实行严格检疫，在岛上对鸮鹦鹉进行严密的观察监控。经过几十年的努力，大量人力、物力、财力的投入，截至2012年，鸮鹦鹉的数量达到了一百二十多只，尽管这个数据很小，但还是能给人以希望。

当我第一眼在纪录片里看到鸮鹦鹉的时候，我觉得它们真是蠢到家的鸟；但是在了解了它们为什么进化成如今的模样后，我意识到，任何看似奇怪的生物，其实都是在自然选择中善于周旋的高手，它们的演化顺应着自己所处环境的变化。如果你觉得奇怪，那是因为你并不了解之前上百万年它们所做的改变。而今天它们显得格格不入，只是因为人类的发展让它们猝不及防，它们还没有足够的时间去适应变化时，就可能已经遭受了灭顶之灾。所以，人类在有意无意间，给很多生物带来了灾难，而自诩为万物之灵的我们，着实应该拿出热情和关怀，帮助那些我们曾经伤害过的物种，让它们尽早变回原来的样子，尽管这需要花费比伤害它们多得多的时间。

在保护鸮鹦鹉方面，
人类为什么要花费这么大的力气？

在动物保护方面，人类需要解决的一大问题就是恢复适合该物种生存的自然生态系统，这不仅涉及不同物种之间的相互关系，需要考虑环境中是否存在保护动物所需的足够的食物，是否有过量的捕食者、竞争者，还涉及物种与非生物环境之间的相互关系，比如温度、湿度、地理环境等因素。这些错综复杂的关系，是需要人类下大力气研究的。

座头鲸的双面生活

不走寻常路的"怪咖"们之三
——长手指和小树枝

读过上面两篇，想必大家已经对不走寻常路的"怪咖"们有了"第一眼惊奇吐槽，第二眼理解钦佩，第三眼就深深爱上了"的心路历程了吧？可不是嘛，我们越深入地理解，往往就会有越深切的感情。所以，在这一节，要求大家把这一体会发展到淋漓尽致的地步，因为这次的"怪咖"也实在是太怪了！不，更准确地说，它们是太丑太丑，丑到恐怖，丑到邪恶的地步了！

现在，我们要去马达加斯加，对，就是卡通电影里的那个马达加斯加。马达加斯加岛位于印度洋西部，与非洲大陆隔海相望。哦，下面的套路，相信你已经有点儿熟悉了。看，又是孤岛，又是原始物种自个儿进化，最终必然是在其他大陆难得一见的特有物种——你推断得没错，还是这个样子，这一次我们面对的是指猴。

长着老鼠脸的长指猴

指猴的名字来源于它们长得不像话的中指。在人类社会里，竖中指是极具侮辱性的动作。而指猴由于中指长得突出，乍看上去，像是一直竖着中指，真是尴尬。不仅如此，指猴的长相也不敢恭维，正面看去有点儿像老鼠，还是一只蓬头垢面爱熬夜的老鼠，面部毛发粗硬而稀疏，脸庞泛白，橙黄色的眼睛瞪得很圆，在夜间看到它们着实有点儿恐怖。所以，当地的土著人对指猴并没有好印象，甚至把它们塑造成恐怖传说中的主角，说人一旦被指猴的中指点到，就会立刻死亡。谣言使得指猴成为土著捕杀的对象，而栖息地的持续被破坏更是让它们的处境不容乐观。

为指猴担忧之余，相信你一定感到很好奇：它们为什么进化出这么长的中指，大概会什么"一指神功"吧？没错，这长手指真的是有功力的，可以伸进长长的树洞，把隐藏在里面的蛴螬（金龟子的幼虫）掏出来吃掉。这还不是最神奇的地方。

更有意思的是，指猴怎么发现隐藏在树干中的蛴螬呢？它们又没有透视眼！但它们有招风大耳，用的正是听音辨位法。指猴攀在树干上，用细长的中指敲击，通过侧耳倾听敲击声的虚实，来判断树干里有没有虫蛀的孔道。如果声音空洞，指猴就会用强有力的上下颚咬开个洞（这有赖于它们高度发达的门牙——具有珐琅质的齿面和坚利的切割面），再将中指伸进洞里把蛴螬钓出来。等等，这个场景是不是有点儿熟悉？是不是很像啄木鸟的营生？我们把啄木鸟比作森林里的医生，不就是因为啄木鸟会帮树木去除藏身其中的虫子吗？好啦，你现在可以来猜一猜，啄木鸟会对指猴抢它们饭碗的行为有什么感想。

事实上，马达加斯加岛上压根就没有啄木鸟的存在，也就没有抢饭碗这一说了。而指猴对于马达加斯加岛来说，正是起到了啄木鸟在森林里的作用。这就是"生态位"——不同的生态系统中，总得有生物干着类似的事情。除了蛴螬，指猴对椰子也很感兴趣。食用前，就像人们挑西瓜时要拍一拍听听声响一样，指猴也会用中指敲一敲，先来判断椰子里椰肉椰汁的多少，再决定要不要下力气在椰壳上咬个洞。

身体和工具的比拼

自然界中，对身居洞穴里的小虫子情有独钟的捕食者不止指猴一种。这些动物要想把藏身洞穴中的小虫子弄到嘴里，还真是应了一句老话："没有金刚钻，别揽瓷器活儿。"指猴的"金刚钻"是长手指。食蚁兽的"金刚钻"是"长"：头骨长而呈圆筒状，鼻吻部长，蠕虫状的舌头不仅长还伸缩灵活、富有黏液，前肢第三趾粗大并长有长而弯曲的爪，缩小其余各趾更是为了突出第三趾。这一系列的身体特征，使得食蚁兽吃起

蚂蚁和白蚁来有如风卷残云，它们用有力的前肢撕开蚁巢，用长舌舔食舌头上的黏液，使得蚂蚁和白蚁根本没有机会逃脱。它们囫囵吞下这些食物后，靠增厚的胃内壁研磨。

还有一些动物，虽然没有长手指帮它们掏虫子，但也不甘心就这样放弃高蛋白质的美味。君子善假于物，没有长手指，咱就找根小树枝！是的，聪明的黑猩猩就是这么干的，而且它们并不是随随便便捡根树枝就往蚁巢里戳，它们会抛弃过细或者过粗的树枝，去掉树枝上多余的枝丫，甚至把树枝蘸蘸水再伸进去钓白蚁。

这样的智慧并不局限在灵长类中间，聪明的鸟也是利用小树枝的能手。大家还记得我们之前介绍过的加拉帕戈斯群岛上的达尔文雀吗？其中有一种被称为"啄木雀"的鸟很像啄木鸟，也爱吃树干里藏着的虫子，但是又没有啄木鸟那样灵活的长舌，无法用舌尖钩取害虫。怎么办呢？啄木雀会用嘴折取一根仙人掌刺或小树枝，衔着一端，将另一端伸进树洞，并不断搅动。藏身树洞中的虫子受不了，便往洞口处逃，于是就成了啄木雀的盘中餐啦！如果折取的树枝不好用，啄木雀还会用双爪夹住树枝，用嘴啄去多余的部分；而如果小树枝很好用，它还会随身携带，以备不时之需。

这几篇所讲的"不走寻常路"，其实只是动物在适应自身所处的环境方面做到了极致。换个角度想想，只是因为我们见识太少，才觉得这些行为很奇怪。当我们接触并了解了更多的动物、更广袤的自然世界之后，自然也就见怪不怪，只剩喜爱了！

鸟类还会使用哪些工具?

　　猫头鹰家族中有一些种类居住在地面上的洞穴中，有的时候自己打洞，有的时候干脆就在被啮齿类动物遗弃的洞穴中安家。人们观察到，它们喜欢收集来哺乳动物的粪便撒在洞穴入口处，可是这个举动有什么意义呢? 是用来作为装饰吗? 那它们的品味实在是太独特了! 是利用粪便的气味来掩盖鸟蛋的气味吗? 还是另有隐情? 佛罗里达大学的动物学家利维领导的研究小组对这一有趣行为进行了深入研究，实验证明粪便并不能掩盖住鸟蛋的气味，但当洞穴入口用牛粪围绕时，猫头鹰吃的甲虫的量增加了十倍! 原来，猫头鹰是利用牛粪充当诱饵，引诱甲虫前来享用便便大餐，最终使甲虫成为自己的美餐。

　　从前，我们认为人是唯一具有智能的生物; 后来，我们把这一荣誉分给了一些与我们相似的灵长类亲戚; 现在，越来越多的例子证明，鸟类的小脑瓜儿也不简单，它们不仅会使用工具觅食，甚至还会运用计策捕食。

第 3 章

一切都为了爱

求爱小把戏之一
——为爱眼花缭乱

民以食为天，吃饱了，活下来了，然后呢？动物的寿命总是有限的，如何才能让自己的基因传递下去呢？这就得考虑考虑要孩子了。

繁殖是个大事情

繁殖使得动物可以把自己的基因延续下去，比如你的身上就有一半的基因来自爸爸，一半的基因来自妈妈。如果一个动物有两个孩子，那就相当于它成功地传递了自己全套的基因，从遗传的角度上来说，这等价于自己继续生存。所以，留下的孩子越多，遗传上越能显现出优势。

生孩子对于大部分雌性动物来说，都是一笔巨大的投入，所以，雄性动物往往需要用各种手段来追求雌性，方能获得交配的机会。"求偶"一词便是用来概括交配之前所有的努力的。为了表明这一片"真心"，动物们耍起了各自的把戏，有些以眼花缭乱的视觉效果吸引异性，有些以婉转动听的歌声赢得芳心，还有一些默默地用"迷魂药"让异性神魂颠倒……当然这一切其实都是为了繁殖，所谓"以爱的名义"，只是比较符合喜欢浪漫的人的幻想罢了。

这一篇我们来看看走视觉路线的动物。

以貌取鸟

想必大家都见过孔雀，它那超过身长的尾羽如果开屏，则美不胜收。不过，你知道孔雀其实是可以飞的吗？有首古诗就叫《孔雀东南飞》。飞行本来就是一件消耗体力的事情，更不用说拖着那么长的尾巴飞行了。美丽的尾羽、鲜艳的色彩和有魅惑力的眼状斑纹，其实只属于雄性孔雀，雌孔雀不过是色彩单调的模样，同样的情况也适用于鸳鸯等很多鸟。

今天要重点介绍的天堂鸟，则在以貌取胜上走得更远，不仅展现了自身羽形、羽色的静态诱惑，更是使出了浑身解数，用卓尔不群的舞蹈来夺得雌鸟的芳心。

在繁殖季节，雄性天堂鸟会在视野开阔的地方，选择一根树枝，站在上面对着雌鸟秀出各种舞姿，来讨雌鸟的欢心。在巴布亚新几内亚，有四十几种天堂鸟，它们之间不仅在外貌上有显著的差异，在舞蹈上也是千姿百态。所以，其实舞蹈除了向雌性展示自己是个非常好的伴侣之外，也在第一时间告诉雌性：你一定认得我的羽毛和跳的这种舞，我们是同一种天堂鸟。不同种的天堂鸟在一起通常是没法繁殖后代的，所以在"以舞交友"的时候就亮明身份，免得浪费双方的感情和精力，而天堂鸟确认彼此身份的时间也是相对较短的。下面，我们来见识一下几种不同的天堂鸟的舞蹈。

跳舞来相亲

绶带长尾风鸟的雄鸟通体棕黑色，脸颊是泛着金属光泽的蓝紫色，喉部和头顶则闪着金属绿，最为突出的是两条很长很长的尾羽垂在身后，雪白的尾羽末端则是黑色。日本 NHK 电视台的纪录片曾记录过数只绶带长尾风鸟在同一棵大树上竞相起舞求爱的场面。当一只雌鸟来到时，树上几只雄鸟开始蓬起浑身的羽毛，然后在树枝上左右跳跃，动作幅度并不大，但随着跳跃而飘动的两条尾羽着实清新飘逸。为了抢占更好的舞台（即更利于吸引那只雌鸟观赏舞蹈的树枝），雄鸟之间频繁地挤对彼此，在树枝间飞上飞下，变换着展示的舞台，并伴随着叽叽喳喳的鸣叫。场面有些混乱，有些吵闹，但也因此充满了活力。

褐镰嘴风鸟，长长的喙呈弯镰刀的形状。雄性褐镰嘴风鸟在求偶时，会选择一处高枝，向上伸举自己的双翅，身体也尽量向上伸展，那样子就像一个穿了蝙蝠衫的人双手伸直举过头顶。在如此坦诚地露出自己腹部的同时，雄鸟还会不停地摇摆身体以增强吸引力。总体看来，褐镰嘴风鸟的舞蹈更像一种柔术，动作缓慢，幅度不大，却颇有张力。

大极乐鸟则要热烈奔放得多，它们胸部和腹部羽毛呈古铜色，中央尾羽像金丝，两胁的羽毛像金纱。当它们起舞时，两胁的羽毛能向前竖起，盖在背上，随着舞蹈步伐而抖动。大极乐鸟也是跳集体舞的，它们动作轻盈地扑扇着翅膀，远看像树枝上几团小小的火焰在闪烁、跳跃。

不过，将跳跃的舞步发展到极致的还是华美极乐鸟。华美极乐鸟身披黑羽，胸部却有亮蓝色的胸盾，胸盾在舞蹈时可以展开，与可以变成扇状的宽披肩连成一个圆盘的形状。华美极乐鸟个头小，舞步灵活迅捷，前进后退、左突右突，最让人印象深刻的是它们在舞蹈时自带伴奏，翅膀可以发出短促的如鞭子抽动的啪啪声。这样的听觉冲击使得舞步显得更加刚健有力、充满激情。

除了在枝头起舞的极乐鸟，也有在土地上为自己打造求爱舞台的极乐鸟。它们甚至会用喙逐一把地面上的落叶捡起，好给自己一片干净的舞台。

雄性天堂鸟进化出这么美丽甚至有些累赘的羽毛，还有这么复杂以至于非常消耗体能的求爱舞蹈，人们不禁困惑：它们为什么在进化中采用这样一套生存模式？

雄鸟的花哨主要是雌鸟选择的结果，如果雌鸟偏爱雄鸟的某些特征，那么带有这种特征的雄鸟将获得更多的交配机会，同时带有相同特征的后代数量就会增加，也就是取得了繁殖上的优势。至于自然选择方面的根源，则要分析一下巴布亚新几内亚得天独厚的地理优势。绵延的山脊让太平洋的潮湿海风有了爬升的空间，而因此带来的丰富降水加上热带温度造就了资源丰盛的热带雨林。这样一个不需要担忧食物来源又绝少有天敌的天堂，可不就成就了天堂鸟悠闲的生活方式！也因此，它们才有闲情逸致在求爱这件事上投入这么多的精力。

不是所有的动物都属于"外貌协会"，还有一些动物用声音呼唤伴侣，至于那声音我们听来如何，且听下篇——为爱魔音灌耳。

非常问

如果动物不够美丽或者不够强壮，是不是就没有后代呢？

自然界是残酷的，但是它依然为所谓的弱者留下了繁殖的机会。银大麻哈鱼种群中就存在两种不同的繁殖策略。银大麻哈鱼在河中产卵后不久便死去，幼鱼在河中生活一年左右返回大海，几年后再回到出生的河流繁

147

殖下一代。标记实验证实，雄性银大麻哈鱼生长速率存在个体差异：长得快的在海里生活一年就达到了性成熟，继而返回河流繁殖，但是它们的体形相对较小，被称作"小伙子"（Jacks）；而生长较慢的雄性大麻哈鱼会在海中多生活一年再返回河流繁殖，多一年生长使得它们体格非常强健，它们被称为"鹰钩鼻"（Hooknose）。当"小伙子"与"鹰钩鼻"同台竞技的时候，"小伙子"显然不占任何便宜，所以"小伙子"彻底放弃与"鹰钩鼻"的公平竞争。当"鹰钩鼻"们为了获得接近产卵雌鱼的机会而硬碰硬地互相打斗时，"小伙子"们仗着自己身形小巧、身手灵活的优势，神不知鬼不觉地溜到产卵雌鱼附近，将自己的精子喷洒在卵子之上，完成传宗接代的使命。"鹰钩鼻"们体形大、行动显眼，不可能采用偷袭，只能与其他"鹰钩鼻"们正面争夺交配权，同时还要提防"小伙子"们，这些大块头们也是很不容易啊！

求爱小把戏之二
——为爱魔音灌耳

前面一篇我们已经见识了求爱过程中动物所用的缤纷夺目的视觉艺术——没错，怎么吸引眼球就怎么来。这一篇我们再来看看声音在动物求爱过程中所起的作用。

我们有句老话叫作"耳听为虚，眼见为实"，这说明人类好像更加依赖视觉，相信亲眼所见。那么问题来了：什么样的动物会依赖听觉寻觅或招揽配偶呢？

歌声代表"我爱你"

鸟类嗅觉不发达，但具有极好的视觉和听觉，因此鸟类主要靠表演各种动作、展示美丽的羽毛和鸣叫来吸引异性。上一篇里所提到的天堂鸟也并非只是默默走秀或起舞，它们常常载歌载舞、奉上视听盛宴。

考虑到具体生活环境的差异，鸟类求爱时对视觉和听觉的依赖程度不尽相同。比如，生活在开阔地域的鸟类，它们利用行为显示求偶，尽量提高视觉的关注度，使雌鸟从很远的地方就能注意到；而生活在森林中的鸟类，则要更多依靠叫声和发出其他声响（如啄木鸟的啄木声）来吸引异性，道理很简单，密林之中植物的遮蔽作用使得视线能够到达的范围并不大，声音则相对能够传播得更广更远。

除了生活环境，生活习性也会影响鸟类求爱时对视觉和听觉的依赖程度。比如，夜行性的鸟类，像猫头鹰或者夜莺，主要也是靠声音来吸引异性——天黑乎乎的，靠眼睛多费力啊！

现在，我们来问候一位老朋友——生活在新西兰的鸮鹦鹉，你还记得它是一种笨重的、飞不上天的、夜行性的鸟吧？它们的求偶大绝招就是声音。

一到求偶季节，雄性鸮鹦鹉就会离开它们惯常的居所，踱步到达山顶或山脊处，建立属于自己的交配竞技场。所谓的交配竞技场，其实是雄性鸮鹦鹉在土地上扒拉出来的圆盘形凹坑，至少能容下一只鸮鹦鹉，也有直径达 10 米的大凹坑。它们还将为凹坑修一条小道——沿山脊而建的话可长达 50 米。

这凹坑和小道都是雄性鸮鹦鹉一丝不苟地打理好的。科学家们曾经偷偷在被清理干净的小道上插上几根小树枝，结果一夜过去后再查看，小树枝已经不见了。在繁殖季节到来之前，雄性鸮鹦鹉往往会为了争夺最好的场地建立自己的凹坑而发生打斗，但我们对它们的争斗不感兴趣，值得说道的是这个奇妙的圆盘形凹坑。

鸮鹦鹉的凹坑常建于石面、田埂或树干旁，目的在于更好地利用周围的环境反射来传播声音。雄性鸮鹦鹉在求爱的夜里，就蹲守在自己挖的凹坑里，通过吸气，来充满前胸的气囊，发出低频（低于100Hz）的隆隆作响的鸣叫声，同时伴有身体的起伏和短小翅膀的轻微拍动。起初是低沉的嘀咕，气囊逐渐扩大后声量随之增加。雄性鸮鹦鹉在持续约20次的鸣叫后会暂停，这时它们会起身站立片刻，低头并再次让空气填满胸腔以准备下一组的鸣叫。

它们会在凹坑内的不同方位发出鸣叫，以使声音能向四面八方传送。这些嗡嗡声在黑夜里传播得很远，1千米外也能听见；如果有好风相助，声音甚至能传播达5千米之远。但你千万不要以为这是个轻松的活儿，虽然雄性鸮鹦鹉一晚上能发出近千次声响，持续鸣叫8小时，整个繁殖期可长达三四个月，但这段时间它们将失去将近一半的体重。

雌性鸮鹦鹉被雄性鸮鹦鹉的鸣叫声所吸引后，开始从它们的居所出发，可能要走上几千米的路来赴约。当雌性鸮鹦鹉踏入雄性的势力范围后，雄性就会停止鸣叫并立即进行表演——爱的呼唤只是第一步，雌鸟出现后，雄鸟便开始表演，包括由一边摇摆到另一边，并用喙发出咔嗒咔嗒的声音。表演维持2到14分钟后，它们随即交配。交配后，雌性鸮鹦鹉就会离开并回到自己的家园，等候产卵并孕育小鸟；雄性鸮鹦鹉则继续留守在交配场内发出鸣叫，吸引其他的异性。

无奇不有的求偶乐器

除了鸟类，用声音吸引异性的动物还有很多，比如鱼。是的，你没有看错，虽然鱼类一般没有特殊的发声器官，可是约有二百五十种鱼能利用鳔发出各种不同的声音。有一种鱼甚至还能发出打鼓似的响声，鱼鳍下面有一个蒙着一层皮的洞孔，鱼鳍在上面敲击，活像打鼓；而有些鱼在咬动牙齿时能发出声响，不过想想有些人咯吱咯吱磨牙的声音，估计这声响也不会太动听；在产卵期间，某些鱼能发出带有三十秒钟间隔的断断续续的鸣声，这是一种特殊的求偶声音，产卵过后这种声音便会停止。

鸟吟虫鸣，昆虫也是动物音乐界中不容忽视的中坚力量。尤其是在晴朗的夏夜，各种昆虫利用身体的不同部位发出声响来吸引异性。为了增加声音的辨识度，避免错配，雄性昆虫发出的求偶声音往往都有一定规律，如果叫声结构发生变化，则被看作是有害的"噪音"，因为这有可能降低成功交配的机会。

但是当我们说"往往"的时候，这往往意味着有意外的存在。比如，雄性果蝇也利用翅膀振动产生求偶声音，但科学家们发现，它们发出的声音模式是会改变的。雄性果蝇会根据视觉输入和自身运动感觉输入信号来调整声音的规律；雌性果蝇则对这些变化很敏感，会根据声音特点来改变其行进速度。这个研究结果与认为求偶声音有一个固定模式这一被普遍接受的假设相矛盾。科学研究中的矛盾经常带来新的思路，科学家把果蝇作为新实验模型，用于研究在复杂的社会环境中如何做出快速决策。

有一些雄性动物，包括美洲一种小型长尾猴、非洲象和几种鸟类，在求偶过程中，似乎早就明白了改变自己的重要性，它们的原则就是改变自己的叫声，模仿雌性同伴的叫声。

雄性虎皮鹦鹉在求偶的几周里会改变原来的叫声，模仿雌性虎皮鹦鹉的叫声，并在整个繁殖季节一直保持这种与雌性虎皮鹦鹉声音相匹配的叫声。这听上去有点儿像人类恋爱中，一方为了接近或吸引特定的对象而刻意去听对方爱听的歌、去看对方爱看的书、去做对方爱做的事，我们可以试着推测这样的

座头鲸的双面生活

模仿秀有什么好处。作为声音信号发出者的雄鸟，通过这种相匹配的声音获得了雌鸟的接纳，因而获得了交配机会，这的确是很大的好处；而作为信号接收者的雌鸟，则认为雄鸟的这种声音是对未来稳定的配偶关系的一种承诺，因而它可以视之为是得到了一种保障。

除了雄性动物会模仿雌性动物发出特殊的求偶声外，一些雌性物种也会学习新的叫声。雌雄双方都在学习一种与原来各自的叫声迥异的新情歌，这听起来比上一种情形更加公平和两情相悦一些。

生活在北美地区的一种红交喙鸟的雄鸟和雌鸟在求偶时，它们的叫声渐渐向一种新的具有彼此共享性质的声音汇聚，最后形成一种新的叫声结构。这么做的益处就不言自明了。叫声结构的汇聚过程反映了双方想建立稳固关系的共同愿望，本身也是对这种稳固关系的实实在在的投资。毕竟学习唱情歌是耗费精力的事啊，它们都愿意花费力气去学一首情歌，说明它们是诚心相爱的。

互相匹配的声音不仅在"恋爱期"有益于动物建立稳定的配偶关系，同时也可能有助于父母在"家庭生活"中的和谐相处，比如父母在抚育幼崽过程中更好地合作，从而提高了后代的繁殖成功率和存活率。不要忘记，我们一开始就说了，只有后代成功存活才算亲代的成功呢！

说了这么多，可见听觉在动物求偶过程中的作用非同一般，尽管有些动物那为了爱情的高歌并非是我们能够欣赏得来的，我们甚至觉得难听无比，但在它们同类听来确是靡靡之音，充满着爱的诱惑呢！

非常问

鸟类求偶唱情歌是天生的吗？

鸟类悦耳的情歌又被称为"鸣啭"，主要指繁殖季节雄鸟发出的高度模式化的、重复的声音信号，其目的在于吸引雌鸟前来交配。鸣啭得益于由鸟类鸣管、鸣肌奠定的生理基础，但它是一种后天习得的复杂行为。英国剑桥大学的鸟类学家曾将一些苍头燕雀从它们出生起就隔离饲养。一年后，被隔离的苍头燕雀只能发出一些简单的鸣叫，而同年龄的野生个体却能发出复杂的鸣啭。由此可见，后天学习对鸣啭的重要性。幼鸟必须及时接触到父辈的鸣啭，反复练习，才有可能习得本物种特定的鸣啭调式。

事实上，鸟类个体鸣啭行为的发展过程与人类个体对语言的学习过程很相似，科学家们甚至通过研究鸟类的鸣啭行为，试图揭示人类语言学习的中枢调控机制。有意思的是，雄鸟的鸣啭还可能起到保卫领域的作用，它们通过听对手鸣啭的响度，决定采取怎样的行动，从而能节省大量的能量。

有些鸟喜欢学其他鸟的鸣啭，这种现象被称作"效鸣"。椋鸟是效鸣能手，它们不仅可以模仿其他鸟类的叫声，还可以学会人工环境中的声音：一只椋鸟在第二次世界大战中，学会了德国 V-1 火箭飞行时的呼啸声；另一只椋鸟学会了足球裁判的哨声。

除了鸣啭外，鸟类还有其他较为单调、简洁的鸣叫声，这些叫声在集群、取食、迁徙、喂雏及御敌中起作用，例如幼雏发出的叽叽声具有乞食作用。这些叫声主要是遗传得来的，即天生具有的。

求爱小把戏之三
——为爱意乱情迷

爱要大声唱出来，这是一种热烈的表达方式，从动物通过各种声音求偶，到人类的山歌对唱，不一而足。继爱之眼花缭乱和魔音灌耳之后，我们再来看看那些不靠这些方式照样让异性意乱情迷，而且使异性在不知不觉中就被吸引的动物。

我们人类直立行走之后，鼻子就远离地面而高高在上，嗅觉在我们感知世界的过程中，已不再那么重要，但即便如此，也有"臭味相投"这样的成语来调侃人与人之间的亲密关系。对于那些嗅觉格外灵敏的生物来说，不管爱还是不爱，气味相投才是关键。

让动物意乱情迷的气味

说到底，气味信号就是化学分子飘进了嗅觉器官，引起了相应的神经兴奋，传递了一定的信息。几乎所有的动物都可以分泌一些气味分子。一些气味分子被某种动物分泌到体外，被

座头鲸的双面生活

157

同物种的其他个体通过嗅觉器官（如副嗅球、犁鼻器）探测到后，刺激后者表现出某种行为、情绪、心理或生理机制的改变，因而我们说它具有通信功能，将其称之为"信息素"。

　　信息素的英文"pheromone"一词源于希腊文"φέρω"（意指"我携带"）与"ὁρμή"（意指"刺激"），合起来的意思是"我携带刺激物"，实在是够直白。信息素有许多不同的用途，有的起到警报作用，有的用于示踪，有的可以呼朋引伴，不一而足。1959年，雌蚕蛾会分泌信息素吸引雄蚕蛾现象的被发现，使科学界首次证明了性信息素是存在的。性信息素，顾名思义，就是与繁殖行为相关的信息素。

性信息素不仅可以在较远距离上起到呼唤异性的作用，其更多的作用会在雌雄双方近距离亲密互动的时候体现出来。

每年到了繁殖季节，保护区里的雌性麋鹿往往被几头强健的雄性麋鹿圈占成几个"后宫群"，没错，就像皇帝的后宫，一个皇帝，妃嫔如云。作为"皇帝"的雄麋鹿每天要花大量的时间和精力在一件事情上，那就是低下它高贵的头颅，凑近雌麋鹿的臀部，深深地吸嗅几下，再仰起头抽动几次鼻头。

远远看去，雄麋鹿似乎挺享受，又好像在分析思考着什么。嗅闻的结果，要么是雄麋鹿默默走开，去寻找下一个目标，要么就是雄麋鹿开始爬跨、交配。事实上，这种嗅闻正是雄麋鹿根据雌麋鹿身体分泌的气味来判断它是否正处在发情期。在正确的时机交配，雌麋鹿才有更高的概率受孕，否则就是白费力气。

已婚未婚味不同

能够嗅出雌性是否发情，还只是雄性动物初级阶段的技能，还有一些雄性动物甚至可以通过雌性的气味来判断雌性是否是处子之身，即是否还未与其他雄性发生过交配行为。雄性的嗅闻并不是在寻找灵魂伴侣或者生活搭档，它们只是在寻找最适合与自己繁衍后代的对象——这听起来也许有点儿破坏浪漫气氛。草原田鼠、西伯利亚鼹鼠、蜥蜴都会这么做，甚至甲虫、

座头鲸的双面生活

蜂类、蜘蛛也都有这样的技能，它们判断的依据在于依然是处子之身的雌性动物和已经频繁交配过的雌性动物会分泌出不同的气味分子。

潜叶蝇是一种幼虫会在叶子里挖地道的昆虫。没有交配过的雌性潜叶蝇会更多地分泌出一种芳香族化合物来招引雄性，就像在空气中高调散布爱的讯息；而已经交配过的雌性潜叶蝇则要低调得多，这种爱的信息分泌量会大大降低。而在蜂类中，情况则正相反，交配过的雌蜂会释放"已婚"信息，昭告天下："我已经有配偶了，浑小子们不要来骚扰！"

这两种策略都是雌性动物在主动调节，但雄性并不总是这么被动，它们有更高的招数。有些雄性动物，比如果蝇，在与雌性交配的同时，会偷偷地在雌性身上涂抹气味分子，而这些气味使得雌性不再那么具有性吸引力，也就等于将这些雌性动物明确地从处子的名单中除掉。这一招目的非常明确——赶走后来的雄性。

其实我们也不要觉得雄性霸道，这对雌雄两性都有好处，尤其是在一雄一雌配偶制度下的动物，雄性花大力气辨识、标记雌性的交配情况，既可以保证自己的繁殖成功率，也能使交配过的雌性免受"冒失鬼"骚扰。而在一雌多雄的配偶制度下，雄性就更有必要这么做了，如果它能找到未交配过的雌性，并且在与之交配过后保证该雌性不再与其他雄性交配的话，那么等于它成功地避免了自己的精子与其他雄性的精子惨烈竞争。

只是在这种情况下，雌性貌似吃了亏——本来雌性与多个雄性交配的话，不同来源的精子互相竞争使得卵子最终有机会跟品质更好的精子相结合，而被标记为已交配的话，雌性丧失了获得追求者"彩礼"的机会。

最后，我们把目光投向我们的近亲山魈，这是一种面部皮肤为蓝色的动物，产自西非。剑桥大学的研究团队收集了山魈腹板腺处的毛发，分析了上面粘带的散发气味的化学物质，发现这些决定山魈个体独特体味的化学物质，与它们的 MHC 基因高度对应，而 MHC 基因表达的蛋白质跟身体免疫反应紧密相关。山魈厉害之处在于可以通过嗅闻异性的气味，来寻找与自己 MHC 基因差异大的同类作为配偶，这样生出的下一代免疫力更强，更加健康，也就有更高的存活率。

非常问

人类也会靠气味找配偶吗？

19 世纪 80 年代，科学家大卫·白林纳（David Berliner）与其科学团队首次探索了人类是否也具有与动物相同的神奇沟通能力。1991 年，他们发现了雄二烯酮与雌四烯醇的存在，认为这就是分属男女的人类性信息素，它们对负责人类性行为与内分泌的下丘脑具有活化作用。

瑞典科学家萨维克（Savic）在2001年证实男性信息素雄二烯酮会诱发异性恋女性下丘脑的活化反应，女性信息素雌四烯醇则会诱发异性恋男性下丘脑的活化反应。2004年和2006年，萨维克分别对12名同性恋男性和12名同性恋女性进行实验，证实雄二烯酮与雌四烯醇对同性恋与异性恋男女的下丘脑活化和性兴奋显示出不同的反应：同性恋男人的反应与异性恋的女人相似，他们对雄二烯酮产生反应，但对雌四烯醇没有反应；而同性恋的女人与异性恋的男人相似，无法对雄二烯酮产生反应，但却对雌四烯醇产生反应。2007年，萨维克对12名男变女的变性人进行实验，结果证实，他们与异性恋的女人一样，只会对男性信息素雄二烯酮产生相应的反应。

不过，人类对嗅觉的依赖比起祖先已经减弱太多，而且人类已高度社会化，仅仅靠鼻子找对象，多半不怎么靠谱。

女儿国
——雌性不止半边天

《西游记》里，唐僧在漫漫取经路上，一直被各路妖怪惦记着，多数妖怪想吃他的肉以长生不老，还有一些貌美如花的女妖精则是想嫁给唐僧。唐僧是真圣人，并未被这些漂亮的女妖精迷惑，但据说他也曾真真正正动情过一次，那便是对女儿国的女国王。

人类社会脱离母系社会之后，绝大多数时候都是男性当道，所以才有各类女权运动为妇女伸张权益，类似"妇女能顶半边天"的口号表达的就是要求男女平等的意思。在动物的世界里，像狮子或麋鹿那样，一雄称霸、妻妾成群的制度固然多见，但母仪天下、女王独揽大权的情形也不稀奇。这种情况下，雌性绝对不止能顶半边天了。

蜜蜂女王的权威

想要当女王，没点儿本事可降伏不了众卿，而摄人魂魄于

　　无形的信息素往往是最有效的秘密武器。之前我们已经见识过性信息素对动物求爱行为的影响，现在来看蜜蜂女王又是怎么用信息素把臣民牢牢收服的。

　　蜜蜂过着典型的母系社会生活，蜂王是雌蜂，工蜂也是雌蜂，整个蜂巢内只有屈指可数的雄蜂。蜜蜂女王的大颚腺主要分泌癸烯酸，癸烯酸又称被为"蜂王质"，这是一种强力性信息素，能够引诱雄蜂与之交尾，同时还能抑制工蜂卵巢发育，引诱工蜂服侍蜂王，促使工蜂供应食物。可以说，整个蜂群能正常运作，不会出现工蜂造反起义、另立蜂王的情况都有赖于它。所以不难猜想，当老蜂王年纪大了，分泌这种"控制信号"的能力也会逐渐降低，但是不必担心，新的蜂王会开始用同样的手段降伏臣民。

男生大概要不服气了：纵然是女王，繁殖下一代还是要跟雄蜂合作，不是吗？那倒也是，蜂王如果不与雄蜂交配，那么只能产出未受精的卵，这样的卵孵化以后都是雄蜂。都是雄蜂的话可不行，这些雄蜂可不会采蜜，也不会御敌，那么没有劳动力和士兵的蜜蜂王国只能崩塌，所以蜂王还是需要与雄蜂交配的，因为只有这样才能产下雌蜂，雌蜂中的绝大多数都将成为勤劳忙碌的工蜂，而极少数会有机会成为下一代的蜂王。蚂蚁的世界也大体如此。

只有妈妈的蚜虫

但是，动物界中有些动物在女权主义道路上走得更远，它们连繁殖下一代这么重要的事情都自己包揽了，比如说蚜虫。以前我家在阳台上种了几棵辣椒，叶片背面密密麻麻的那些东西就是这些家伙。

许多蚜虫会发生周期性的孤雌生殖。什么叫"孤雌生殖"呢？顾名思义，就是一个孤独的雌性蚜虫独自完成了繁殖下一代的光荣使命。蚜虫卵与它们的母亲在遗传上完全一致，而且这些卵会在母亲的卵巢管内发育，所以它们在产出的时候已经是孵化出的小蚜虫的模样啦！那么，这些小蚜虫的性别比是怎样的呢？你如果还记得它们不折不扣地遗传了母亲的一切的话，就能大胆地推测出，它们都是雌虫，仅仅是体形比母亲小了好几号罢了。

不过，蚜虫的孤雌生殖一般发生在春夏气候温暖、食物充足的时候。到了秋天，光照周期的缩短、气温的下降，以及食物数量的锐减，会促使蚜虫开始产出雄虫，雌雄蚜虫交尾进行有性生殖，产下的卵度过冬天严酷的环境后，到来年再孵化出蚜虫来。

你如果认为女儿国只是这些连脊椎都没有的虫子们玩的把戏，那就错了，鱼类和爬行类里都出现了女儿国的身影。

亚马孙莫莉鱼是一种不起眼的小鱼，但是它们的繁殖方式却让人刮目相看。亚马孙莫莉鱼的国度里只有雌性。有趣的是，它们会和有近亲关系的四种鱼的雄鱼交配，但是并不会让精子与卵子融合，也不会将雄鱼精子中的遗传物质整合到自己的卵细胞里。那么交配的目的是什么呢？原来，它们只是为了利用精子中能启动细胞分裂的物质来刺激卵细胞发育罢了，这未免也太炫酷了。

不管雄性地位多么卑微，以上的几个例子中多多少少还是出现了雄性的身影。爬行动物中鞭尾蜥属里有 30% 的种类也是雌性独霸，而且它们似乎真的不需要借助任何其他种类的雄性，完全可以自给自足。因为在这些鞭尾蜥中没有雄性存在，雌性之间便发展出类似于交配的行为——一只雌性趴在另一只雌性的身上，刺激其顺利产卵。

在两性的世界里，为什么会有这样不走寻常路的种类呢？科学家们研究认为，亚马孙莫莉鱼很有可能是由两种亲缘关系相近的鱼类杂交而成的，而女儿国的鞭尾蜥也是类似的情况。物种杂交的下一代常常会遇到有性生殖的问题，这很有可能是这些动物进化出孤雌生殖的原因。

关于这些孤雌生殖的生物如何能够避免因遗传信息缺乏变异而导致灭绝的问题，科学家们非常感兴趣并还在不懈地研究之中。

非常问

人类世界里有女儿国吗？

到目前为止，我们还没有发现自然界的鸟类和哺乳类中存在纯粹女儿国的现象。但我说的是自然界，人类往往比自然更疯狂。1996年克隆羊多莉的出生，是克隆技术第一次在哺乳动物身上的成功实现。说起来，多莉倒是只有母亲没有父亲。

多莉有三位母亲，第一只母羊提供了自己乳腺细胞的细胞核，第二只母羊提供了自己未受精的卵细胞，不过这颗卵细胞的细胞核被人工去除了，第三只母羊提供了自己的子宫。乳腺细胞核与去核卵细胞融合后，被移植到第三只母羊的子宫里，最后生产出多莉来。瞧，从理论上看，克隆技术是很有可能造出女儿国来的。

至于人类的女儿国，在希腊神话里提到过的亚马孙女武士部落里，女武士个个骁勇善战，但不知这个神话是不是有事实根据，即使有根据，这些女武士再厉害，要想繁衍下去，还是得时而偷袭附近部落，抢些男人来延续种族。神话里还说了，女武士们生下女孩便好生抚养，生下男孩便弃之荒野，这听起来瘆得慌。两性还是顶好各自那半边天吧，你看，一个"女"加一个"子"，才是一个"好"嘛！

躲躲藏藏的艺术
——障眼法集锦

关于保护色的故事，你可能已经听过太多。动物身体的颜色，无比接近栖息地的主要色调，它们企图用障眼法将自己融进环境中，不论是躲避捕食者，还是伏击猎物，这都是上佳的策略。

比如，沙漠里的动物，大多数毛色微黄；北方雪域的动物，则披上白色；而青草地上的蚂蚱，则是翠绿的体色。有些地域有明显的季节性的色彩变化，动物也跟着换装。比如，雪兔冬天银装素裹，雪白的长毛蓬松松的，像个大雪球；夏天毛色变深，多呈赤褐色，跟雪融化后泥土的颜色接近。除了陆地上的动物，水生生物也毫不逊色。水母一类的生物采用透明的体色；生活在海藻周围的生物则根据海藻的颜色而产生相似的体色，比如褐藻区的褐色生物和红藻区的红色生物。

变色龙可以在短时间内实现颜色的变化，是长久以来人们津津乐道的故事，但今天为大家带来的超级隐身家，则把"小隐隐于野，大隐隐于市"的古老智慧发展到了新的高度。

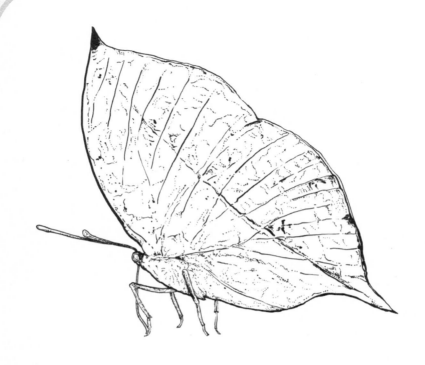

"点背"一点儿都不背

　　准雀鲷鱼科听起来十分拗口，英文名"dottyback"倒是非常接地气，让我姑且把它翻译成"点背"——长着点状斑纹的背。点背是一类生活在珊瑚礁石附近的小鱼，它们能够改变体色，但并不是去机械地模仿物理环境，而是去模仿它们的猎物——一些小型的热带鱼，然后伺机混入其中，大快朵颐。没错，它们就是披着羊皮的狼！点背强就强在遇到什么颜色的猎物，它就变成与之相同的颜色，从粉色到灰色，都不在话下。

目前，科学家们专门研究了黄色和棕色两种体色的变化机制。解剖发现，点背的皮肤细胞中含有黄色和黑色的色素分子，色素分子的存在使皮肤的细胞可以反射不同的颜色。而黄色与黑色的色素分子比例的变化，就实现了体色从黄到棕的系列变化。点背用变色这一招，使捕食效率翻了三倍。

好处还不仅限于此，点背和自己的猎物有着共同的天敌——石斑鱼。于是，点背成功地混入猎物中，不仅可以增加自己的捕食成功率，也同时降低了自己被捕食的风险！点背一点儿都不背！

变色者常有，但是根据行骗的需要而变成不同颜色的伪装高手，还是第一次被发现呢！

苔藓小青蛙

好，如果你觉得只是改变颜色还是不怎么带劲，那么我们来参拜连皮肤的纹理也可以随意凹凸的大神。

2009年，科学家凯瑟琳（Katherine）和蒂姆（Tim）在厄瓜多尔的安第斯山脉西部的云雾森林里，发现了一种体形娇小、身上长刺的青蛙坐在一片覆盖着苔藓的叶片上。因为从来没有见过这种小青蛙，科学家们就把它装进杯子，盖上盖子，带回了研究基地。他们还饶有兴趣地昵称它为"朋克摇滚"，因为它满身的刺很有朋克范儿。

第二天，凯瑟琳把小青蛙放在一块光滑的白色塑料板上，准备让蒂姆为它拍照。奇怪的事情发生了——小青蛙根本不再是前一天的粗糙的模样，它的皮肤变得十分光滑！两个科学家都不敢相信自己的眼睛，觉得一定是自己拿错了青蛙。

凯瑟琳又把青蛙放回了杯子里，加了点儿苔藓进去。不可思议的事情再次发生——刺又回来了！两人激动之余，又把小青蛙放在了光滑白板上，三分多钟过后，小青蛙的皮肤又变成光滑的了。粗糙的皮肤表面加上绿褐色，确实让这小青蛙很容易隐身于苔藓背景之中。但关于这种可变形的小青蛙，还有很多有待研究的地方。

还有一类不同于前面谈到的保护色的隐蔽手段——拟态，这是一种模仿环境中的其他生物或非生物因素来保护自身的方法，它模仿的不仅是颜色，更重要的是或静或动时的状态，那才真叫惟妙惟肖、真假难辨。

装成鸟粪的虫子

昆虫是拟态高手，而它们的主要欺骗对象是鸟类。针对爱吃虫子的鸟，昆虫模拟的对象一类是对受骗者而言是不能吃或不好吃的动植物或环境中的其他物体，比如说凤蝶的幼虫模拟成鸟粪的模样（真是为了生存不顾形象啊），鸟类自然对自己的粪便没什么兴趣；另一类模仿对象对受骗者而言是可怕的动物，拟态者可模拟这些动物的形、色、味、声等，最典型的例子是拟态者模拟蛇头或鹰眼，要知道蛇或鹰都是让小鸟望而生畏的天敌。

不过，拟态并不是昆虫的专利，植物界的兰科也深谙此道。某些兰科植物的花瓣在形状、颜色和茸毛方面模拟某些雌蜂的外表，可吸引雄蜂与之"交尾"。这种假交尾可以使兰花获得更多的授粉机会。

无论是哪一种障眼法，都是自然选择之下长期进化的结果。进化的总体趋势大概是要隐蔽得越来越好，那么会不会有一些物种因此至今也未被我们的拙眼发现呢？非常有可能！

座头鲸的双面生活

非常问

拟态高手会越来越像另一种生物吗？

其实，回答这个问题并不那么简单，需要算计很多。我们熟知的借窝下蛋的寄生鸟类杜鹃，它们在繁殖期间并不筑巢孵卵，而是把蛋下在寄主巢内，由养父母将小杜鹃养大。杜鹃的卵可以精确模拟寄主鸟类的卵，因而大大增加寄生的成功率。然而，寄主辨别鸟蛋的能力在进化过程中也在不断提升。看上去，如果杜鹃把模拟做到完美无缺，似乎是最好的选择。但试想一下，所有的寄主鸟类都无法识别杜鹃蛋，小杜鹃又出于本能，杀死比它晚孵出的养父母的孩子，那么长此以往，不是要把寄主鸟类赶尽杀绝了吗？那么以后还怎么借窝下蛋呢？俗话说，道高一尺，魔高一丈。二者互相角力，在追逐中达到相对的平衡。

归去来兮

——迁徙的故事（一）

"小燕子，穿花衣，年年春天来这里。我问燕子你为啥来，燕子说：'这里的春天最美丽！'"

哦，与其问燕子为何春天来，不如问它去年冬天为何走。以昆虫为食的燕子，最擅长在空中捕猎。北方的冬天，没有飞虫，燕子既不善于从地缝、树缝里挖掘虫子，也不愿意改吃素食，如浆果、树叶，只好长途迁徙到温暖的、食物充足的南方，以度过北方的寒冬、食荒。这些年复一年归去来兮的旅行者，名为"候鸟"。候鸟迁徙，长途漫漫，困难重重，故事多多。

林莺回老家的路也会变

候鸟迁徙通常都有固定的路线和目的地，但是随着环境的改变，有时候候鸟也会探访并开辟新的目的地。欧洲的黑顶林莺夏季在德国繁殖后代，冬季则飞往西南方向的西班牙、葡萄牙过冬，理由同燕子南飞一样，寻求气候温暖、食物充足的地

方。然而，到了 20 世纪下半叶，有一些黑顶林莺出现在了冬季的英国和爱尔兰，而且数量还很快增长了 10%。为何黑顶林莺开始青睐英国了呢？

一个原因在于全球变暖使得英国的冬天也不那么寒冷了，而且英国还有许多爱鸟人士，特别愿意在冬天往自家后院投食，这大大丰富了黑顶林莺的食源。相对而言，飞往西班牙和葡萄牙的旅程实在是太长了，不如就近飞到英国。

还有一个原因，英国冬天的最短日照持续时间要短于西班牙，这是一个行动信号，提醒黑顶林莺春天已经到来啦，该回到德国准备生娃啦！于是，在英国过冬的黑顶林莺就会先启程返乡——出发得早，返乡路程又比较短，它们就会比到西班牙过冬的黑顶林莺更早地返回德国。先来先得，早到的鸟有更好的机会选择最为适宜的筑巢环境，抢占更多的生存资源，因而在繁殖成功率上，也得到了更高的保证。

好，下面关键的好处来了——

这些本能地飞往了英国的黑顶林莺因为上述理由获得了更好的生存和繁殖的条件，那么就会拥有更多的后代；而它们的后代也遗传了父母飞往英国过冬的本能，因而也将在之后获得同样的生存、繁殖优势。如此一代一代的积累，就让整个种群飞往英国过冬的比例不断增加。黑顶林莺这一迁徙行为的改变，正是展现了它们在适应环境改变上的价值。

基因里的飞行路线

如此的分析听上去很符合逻辑、很有说服力，但对于生物学科来说，任何假说如果没有严谨的实验设计去加以验证，那也不过只是一个听上去很有道理的故事而已。科学家还真做了实验，他们想证明黑顶林莺改变了迁徙行为，到底是后天互相学习的结果，还是镌刻在基因里的选择倾向造成的。

实验第一步是在德国境内收集黑顶林莺鸟蛋（希望你还记得，它们每年夏天在德国境内繁殖）。这些鸟蛋的父母，有一部分是去年飞往英国过冬的，我们姑且叫它们"亲英派"鸟蛋；

另一部分鸟蛋的父母，去年是飞往西班牙过冬的，我们姑且叫它们"亲西派"鸟蛋。

这些鸟蛋被收集之后，都不再接触它们的亲生父母，而是接受人工孵化、抚养。到了迁飞季节，小鸟没有父母作为学习参照的对象，只能靠本能决定飞往哪里过冬。迁飞的结果如下：亲英派的小鸟向西飞，而亲西派的小鸟则向西南方向迁飞。这样的方向，与它们从未谋面的父母的迁飞方向是一致的。

这说明，黑顶林莺迁徙的方向是受基因控制的，而不是后天习得的结果。所有受到基因控制的性状差异，如果对生物的生存、繁殖造成影响，就会受到自然选择的作用。那些能够增加生存、繁殖机会的基因，更多地获得了从亲代传到子代的机会，在整个种群基因库里的相对比例就会因此上升，而这整个过程，其实就是进化的过程。

飞往不同的过冬地，还在其他方面影响着黑顶林莺。科学家发现，飞往英国过冬的黑顶林莺，相对于飞往西班牙的同胞来说，翅膀正变得短而圆。长而尖的翅膀更适合长距离飞行，大多数海鸟往往飞行距离长远，因而都具有长而窄的翅膀和尖锐的翅尖，比如海鸥。如果这样的形态变化不断发生，那么经过长时间的积累，有可能使飞往不同地域过冬的黑顶林莺发生更加显著的分化。而如果分化最终导致了生殖上的隔离，即飞往不同过冬地的黑顶林莺之间不能再进行成功的交配，那么黑顶林莺就会分化成为两个不同的物种。

德国马克斯·普朗克研究所发现，黑顶林莺的迁徙行为还有进一步的变化。在 1988 年到 2001 年间，他们先后对 757 只黑顶林莺进行观察，发现随着气候变暖，黑顶林莺在迁徙前的不安状况越来越弱。通常在迁徙之前，候鸟会表现出不安，例如夜间它们在树枝上不停拍翅膀和跳跃。不安状况的持续时间与候鸟的迁徙距离基本成正比，因而黑顶林莺迁徙前不安状况的减弱说明其迁徙距离已经缩短，这与更多的黑顶林莺飞往邻近的英国过冬的现象是相吻合的。研究人员选择迁徙活跃性较弱的黑顶林莺进行人工培育，经过数代繁殖，他们发现这些鸟的部分后代会完全失去迁徙的能力，从候鸟变成留鸟——留在繁殖地过冬，不再迁徙。

从黑顶林莺的故事中可以看出，自然选择的力量总是在默默地推动生物的进化，也许悄无声息，但却坚定不移。

座头鲸的双面生活

林莺这样的小鸟真的能进行长距离飞行吗？

不仅能，而且它们的飞行能力超乎你想象。

一种名为"黑顶白颊林莺"的微型鸟能够在不到3天的时间里，不吃不休持续迁徙。说它是微型鸟真的很贴切，这种小鸟只有12克重，什么概念呢？它大约只有5张名片那么重。

黑顶白颊林莺夏季在北美洲的丛林中度过，冬季会一路向南迁徙到南美洲的东海岸。过去科学家认为它们会在迁徙途中停下来休息进食，然而最新研究表明，黑顶白颊林莺会一路飞行穿过开阔海域，直到两三天后到达波多黎各和古巴一带才进行休息和进食，然后再飞向委内瑞拉和哥伦比亚。

马萨诸塞州大学的比尔·德卢卡（Bill DeLuca）称："这是我们有史以来发现的鸣禽越洋迁徙不停飞行的最长行程纪录，而且是地球上最非凡的迁徙行为之一。北极燕鸥和信天翁等海鸟以能够穿越数百千米开放海域而闻名，但是这对于体重只有12克而且通常只存活在丛林中的小型鸟类来说却是非常不同寻常的。"

这些小不点儿直接飞越了大西洋，连续飞行距离在

2270 千米～2770 千米之间。大部分鸣禽迁飞会选择较长的沿海岸线的陆上路线，黑顶白颊林莺之所以选择较快捷的海上路线可能是因为这样会减少整体的迁徙风险。当然，抄近路的挑战也是极其严酷的，它们需要一刻不停地飞越开阔海面，不吃不喝不降落，因为水上降落对黑顶白颊林莺来说是致命的。毫不夸张地说，这是一段"要么飞，要么死"的迁徙之旅。因而在这样的迁飞之前，大吃特吃以贮存足够的脂肪是必需的，它们有时候在迁飞前体重会达到平时的 2 倍之多。这么小的鸟，科学家是如何追踪它们的呢？人类对鸟的迁飞还有什么有趣的研究或新奇的发现呢？

座头鲸的双面生活

归去来兮
——迁徙的故事（二）

　　上一篇的最后部分介绍了微型小鸟黑顶白颊林莺在不到3天的时间里飞越开阔海域的迁徙壮举，让我们在惊叹小鸟具有大大的远航能力的同时，不禁也会十分好奇：科学家是如何追踪它们的行踪，来得出确凿的研究结果的？其实，人类一直对鸟类的迁徙抱有极大的兴趣，也逐步摸索出了很多研究方法，获得了越来越深入的了解。

追鸟之旅

　　最原始的方法是野外观察，研究人员选择海角、远离大陆的岛屿、山脉的隘口作为观察地点，因为这些地方往往是候鸟迁徙的必经之地。观察者在迁徙季节定点守候，可以获得迁徙鸟类种类、数量、时间、路线等方面的基础资料。但是，野外观察受天气因素影响，鸟类如果飞行高度过高，观察者也很容易错失其踪迹。

到了 20 世纪 50 年代，雷达被应用于鸟类迁徙的研究。雷达监测可以获得鸟类迁徙高度、方向、速度等方面的大量信息，监测范围也很广，半径达到 100 千米。如果是大型鸟类，监测范围甚至可以扩张到半径 500 千米。但是，雷达检测也有其局限性：其一，雷达并不能准确识别鸟的种类；其二，雷达对于近地面或近海面飞行的鸟无能为力；其三，生物学家通常是借用机场或气象站的雷达设备开展对鸟类的研究，因而雷达分布的地点未必是最佳的观测点。

目前，研究鸟类迁徙最常用、最普遍的方法是戴环志。现代环志研究始于 1899 年的丹麦，至今全球每年有超过百万的鸟类被戴上环志。环志是将野生鸟类捕捉后套上人工制作的标有唯一编码的标志物。当在其他地方重新捕捉到候鸟时，读取标志物上的信息，就可以综合分析出鸟类迁徙的路径、速度、繁殖等信息。早期使用的标志物是镌刻有序号的金属脚环，被固定在鸟的足部；现在还有颈环、脚旗、翅旗等，材料也不仅限于金属，扩展到工程塑料。使用环志的好处和不足一目了然：好处在于不需要复杂的、专业的仪器，大众参与度高；不足在于回收率低，必须再次捕捉到带有环志的候鸟，才能分析它的迁徙情况。大型鸟的回收率可以达到20%，而中型鸟只有5%左右，小型鸟不足1%。

针对回收率低的问题，研究人员对使用环志的方法做了改进：用醒目的彩色足旗编码。不同的地区有不同的颜色代码，比如在中国上海崇明岛被戴上环志的鸻鹬类，左脚胫套有金属环，右脚胫为白色足旗，跗趾为黑色足旗；而在澳大利亚北昆士兰被戴上环志的鸟类则左脚跗趾套有金属环，右脚胫为绿色足旗，跗趾为黄色足旗。因为足旗颜色鲜明醒目，研究人员只需要通过望远镜观察记录信息即可，而且还有广大的观鸟爱好者可以充当线报人员，帮助一起收集信息。

足旗制度的应用使得不用重新捕捉被戴上环志的鸟类，从而极大地提高了环志的回收率。这个聪明的办法最初应用于20世纪90年代，有赖于各个国家的协同合作。1993年在日本钏路市召开的拉姆萨公约第五次会议的讨论中，科学家们意识到东亚地区的水鸟栖息地正迅速减少，对迁徙性的水鸟生存产生了严重影响。为了更快更清楚地了解这些停栖站的重要性，澳大利亚环境署发起了对东亚迁徙路线上的水鸟进行跨国性足旗标记的计划。这一计划将东亚迁徙路线上的各个国家和地区分为 34 个不同足旗的配置，目前已参与执行的国家有美国、俄罗斯、韩国、日本、中国、菲律宾、澳大利亚、新西兰，已经有超过 10 万只佩戴有足旗的水鸟飞翔于"东亚—澳大林亚"的迁徙路线上。

进入 20 世纪 80 年代，人类发射进入太空的卫星越来越多，这些卫星也可用于研究大型候鸟迁徙问题。卫星追踪定位系统，听起来是炫酷无比，原理却并不复杂。

首先在候鸟身上安装信号发射器，信号发射器以事先设定好的时间间隔和固定频率向外界发射信号，当然，发射器需靠自带的电池供应能量。卫星上的传感器负责接收信号，再将信号传送至地面接收站。地面接收站对收到的信号进行解读，获取地理位置、海拔高度等信息。听起来真是棒极了！但是大家不要忘记了，候鸟迁徙是长途跋涉，极其消耗体能。为了减少对候鸟的影响，发射器要尽量小巧轻便，然而持续频繁地发射信号，又要求具备强劲的电池来供电，因而电池实在无法做到小巧轻便，所以，卫星追踪定位目前只能应用在大型候鸟上。

好了，现在我们回到上一篇的问题：只有 12 克重的黑顶白颊林莺是怎么被追踪的呢？原来科学家使用了一种微型地理定位仪，它只有 10 美分硬币那么大，重量只有 0.5 克。鸟背上被放置上定位仪后，像是背了个小背包。在黑顶白颊林莺冬季迁徙前，科学家为 20 只鸟安装了定位仪；来年春天黑顶白颊林莺返回加拿大时，研究人员通过重捕它们，回收了其中 5 个定位仪。这种轻便的定位仪记录的是迁徙期间的光照信息。一天之内白昼的长度是与纬度相关的，而日照正午的时间点则与经度相关。所以，定位仪只要记录下日期和白昼长度就可以推导出当天候鸟所处的经纬度位置信息。将这些信息综合分析之后，科学家最终发现了黑顶白颊林莺的迁徙壮举。

　　研究迁徙还可以根据不同地域中不同比例的稳定同位素在候鸟体内留下的信息，设计众多精巧的室内控制实验。科学发现的步步推进越来越依靠科技的不断发展，如同天文望远镜将我们的目光引向浩瀚的星河，而显微镜则为我们打开了细胞的世界。相信新的利器将会让我们看到更广阔的天地。下一篇我们就来看看室内控制实验为我们揭示了有关迁徙的哪些秘密。

鸟类迁徙耗费大量能量，
黑顶白颊林莺会在迁徙前大规模进食
以储存脂肪，但是仅仅储存脂肪就够了吗？

没有脂肪是万万不行的，只有脂肪却也还不够。虽然用脂肪储存能量最经济高效，脂肪也确实为迁徙提供了绝大部分能量，可惜鸟类所有组织器官的细胞并非都可以靠燃烧脂肪来获取能量。比如脑、神经组织、红细胞等，它们就不吃脂肪这一套，必须得以葡萄糖作为能量来源。（这就好比你家通了管道煤气，但偏偏没有煤气灶，只能用电磁炉。）而且分解脂肪也需要大量的酶——蛋白质的参加。所以，其实在迁徙前，在大量储存脂肪的同时，鸟类也会按照一定比例，增加体内碳水化合物和蛋白质的含量。

除此之外，鸟类到底储存啥也得看它们在迁徙前吃的啥，以及迁徙后要干啥。比如，鸟类如果迁徙前开荤，以蠕虫等为主食，那么体内会增加更多的蛋白质；鸟类如果迁徙前食素，以植物浆果为主食，则体内储存的碳水化合物和脂肪所占的比例更大。再比如，鸟类如果是要飞往越冬地，往往储存的脂肪所占比例更大；而鸟类

座头鲸的双面生活

187

如果是要飞往繁殖地，往往储存的蛋白质所占比例更大，因为它们飞到繁殖地是要养孩子的，而繁殖是非常消耗蛋白质的，尤其是对那些下蛋的雌鸟来说——想想你吃的鸡蛋白，就是来自母鸡身上的蛋白质啊。

还有一个有趣的现象，对于那些在迁徙途中会停下来吃吃喝喝、补充能量的候鸟来说，它们的身体结构表现出很强的可塑性：在停歇期，候鸟是高效的摄食、储能机器，其消化系统重量有所增加，功能发挥到最大；而到了飞行期，候鸟又转变成高效的运动机器，肌肉组织和循环系统会显示出惊人的效力，而与飞行无关的消化系统各器官会减小尺寸以降低能耗。这种短时间内的身体可塑性实在是让人叹为观止。

归去来兮
——迁徙的故事（三）

在鸟类迁徙的问题上，最让人类着迷不已的无非是两个问题。第一，鸟类为什么要迁徙？第二，鸟类如何迁徙？

为生存而飞

生存，生存始终是第一位的；繁殖，繁殖才能获得"永生"。为了吃饱，为了下一代好，这就是全球将近 3000 种（约占鸟类总种数的 1/3）候鸟每年迁徙的最主要的原因。

参与迁徙的鸟类真的是啥样的都有，大如丹顶鹤，小如星蜂鸟，甚至不会飞的帝企鹅——它们在南极的暴风雪中举步维艰，挪着步子也要迁徙。

鸟类迁徙的距离也大相径庭。长距离迁徙者，如具有小红嘴、剪刀尾的北极燕鸥，在地球南北两极之间迁徙，而且飞的并不是最短的直线距离，这使得它们迁徙的往返距离达到 4 万千米。这么说你大概没概念，这个距离相当于沿着赤道绕地

球转一圈了。而且北极燕鸥是长寿的鸟，能活三十来岁，这样年复一年累积的里程，都可以往返月球两三趟了！短距离的迁徙者，如热带的一些鸟类，有不同的栖息地，这些栖息地之间可能只相距十几千米。

除了水平方向的迁徙，还有垂直迁徙的情况，即在不同的季节，在同一地区不同的海拔之间的迁徙。比如，在中国西部高山地带常见的雪鸡，在夏季可到达雪线之上海拔 8000 米的山地，冬季垂直向下迁徙，将至灌丛带以下云杉林的上面。

相比鸟类迁徙的原因，鸟类迁徙路线的相对固定更让人类好奇。鸟类是如何做到在世代长线迁徙中精准定位的？鸟类的定向和导航机制究竟是怎样的呢？前人提出过非常多的假想。

假想一：太阳指引光明的方向

很多动物把太阳当罗盘使用，前提是动物可以调整移动的方向来补偿太阳本身在天空中相对的位移（每小时15°）。20世纪50年代，科学家把迁徙的椋鸟捕捉来进行笼养，发现它们在正常迁飞季节躁动不安。为了搞清楚这种躁动有没有特定的方向性，科学家在笼子底部铺上墨垫来显示椋鸟躁动的方向，结果墨迹显示大部分躁动都发生在正常迁飞方向的那一侧。如果太阳被遮蔽，迁飞躁动就失去了方向性，变成了随机分布在笼中各处；而当太阳再次出现时，椋鸟又恢复了定向活动。

科学家并未止步于此，进一步的实验证明，椋鸟可以补偿太阳的位移，秘密就在于其体内的生物钟。这个实验把椋鸟置于人为的光暗周期中，然后调整光照期从中午12时开始（而此时自然光照是上午6时开始），结果椋鸟的飞行方向偏离原定向方位90°。

白天迁徙可以靠太阳定位，那么"夜行侠"该怎么办呢？让人出乎意料的是，夜间迁飞的鸟类，比如白喉雀、欧亚鸲等，会根据落日点来选择飞行方向。当然，光靠落日点是不够的，夜晚流转的是星空。

假想二： 流转的星空，不变的北极星

科学家把笼养鸟带入天文馆，首先让天文馆的星空与外面自然的星空保持一致，结果鸟的定向方位与当年当季的自然迁飞方向一致；当让天文馆的星空旋转时，鸟则会依照新的星空位置重新定位迁飞方向；如果天文馆的星空被照亮，鸟的活动则会失去方向性。那么鸟怎么依靠星空定位呢？科学家们对靛蓝彩鹀的研究表明，迁飞的鸟利用不变的北极星作为定位参考点。北极星是极地星，位置不变，其他星座则围绕此参考点旋转，主要星座有大熊座、小熊座、天龙座、仙王座、仙后座等。鸟类甚至不用看到所有星座，靠个别星座就可以定向。

假想三： 磁场定位，眼睛里的指南针

地球像个大磁铁，迁徙鸟类利用地磁场定位一直是科学家热议的课题，最近这方面的研究有了新的进展——某些鸟或许可以将方向信息直接映射到它们的视野中。没错，就像视网膜上自配指南针，如果这难以想象，那么你肯定见过影视剧中飞行员佩戴的显示设备，将关键的导航信息投映在眼罩透明屏幕上，观察眼前景象的同时就能直接看到这些导航信息。

鸟是如何做到的呢？鸟的视网膜上分布有感光细胞，感光

细胞的作用是把光信号转化为生物电信号，最终在大脑皮层的视觉区域形成图像信息。当平行的地磁场穿过弧面视网膜时，位于视网膜不同位置的感光细胞接收到的磁场方向是不同的，进而影响了对光的感知。这种感光差异不仅显示出了朝向的不同，同时还能反应所处的纬度位置——因为不同纬度下地磁场和地平面的夹角不同。所以，鸟们的视野中不但包括了所看到的景物，还用明暗标示出了朝向和纬度信息。科学家们还会继续深入研究这一机制，甚至计划由此设计出一种嵌入隐形眼镜之中的指南针。

除了以上三种假说，帮助候鸟迁徙定位导航的可能因素还包括地形、风向、月亮等。这也不难理解，鸡蛋不能放在一个篮子里，多几种导航系统协同工作，迷航的风险才能进一步降低。

除了鸟类，还有哪些动物也会为了生存繁殖而踏上迁徙之路呢？

昆虫、鱼类、两栖类、爬行类、哺乳类中都有迁徙的例子，比如，王蝶每年从加拿大迁往墨西哥城西部山区越冬，生活在东非赛伦盖蒂大草原东南部的角马，每到五六月份干旱季节时，都会大群向西北方向维多利亚湖附近湿润的灌丛地带迁徙。

说到不一样的导航机制，我们看看洄游的鲑鱼有什么妙招。鲑鱼孵化于淡水河流，之后会游回海洋生活1年～5年，直至性成熟，再从海洋回到出生的那条河流繁殖。这里有个很现实的问题：河流中入海支流众多，鲑鱼却能精确地回到出生的那条小溪流，究竟是怎么办到的呢？

科学家们通过实验发现，将鲑鱼弄瞎并不会影响它们回家乡，但如果堵塞鼻腔，有40%的鲑鱼无法找到正确的方向，看来它们是用嗅觉导航。那么，又是什么气味在引导鲑鱼回乡呢？一种说法是"家乡的味道"，即出生地特有的岩石、土壤和植物的综合气味；一种说法是"家人的味道"，即来自于同种其他鲑鱼个体分泌或排出的黏液、粪便的味道。前一种假说正儿八经的名字是"气味印记假说",后一种叫"信息物假说"。研究表明,二者皆有作用,但是当这两种定向机制同时起作用时,鲑鱼更多游到童年生活过的地方而不是含有同伴气味的地方。想想也是,家人的味道毕竟只是家乡的味道的一部分。

第4章

拜动物为师

我拿什么拯救你
——险情逼近有警报

　　我的高中同桌曾经问过我一个问题："人类为什么要过群居生活？"当时我不假思索就脱口而出："为了唠嗑！"然后我们两人都被这个答案逗乐了。现在想来，我们也许可以倒过来说："人类因为唠嗑而使群居生活变得更好。"而这里的"唠嗑"也不局限在聊天上，事实上放大开来，就是个体之间各种各样的交流行为。动物界亦是这样，群居的动物个体自然少不了与群体中其他个体的交流，而即便是独居的动物，在繁殖的时候，也免不了要去寻找异性来传宗接代。现在，就让我们一起来看看，动物之间是如何传递、共享信息的，当然，这种共享必然是具有某种生存意义的，比如说报警。

"闪烁"的视觉警报

　　发现危险的时候，动物怎么样报警呢？我们只要想想自己有哪些感官，就不难猜到大多数动物可能会采用的报警方式——无非是依靠视觉、听觉、嗅觉、味觉等。每一种方式都有其优势和劣势，动物常常也会多种方式一起使用。但为了分析方便，我们还是逐一来看。

视觉信号是动物常用的，因为其容易定位且传播速度为光速。很多有蹄动物，像鹿、羚羊等，都自备"警示牌"——颜色显著的臀斑。当个体发现危险时，就会抬起尾巴使臀斑暴露出来，并且竖起臀斑处的毛使其更加明显。

比如，生活在我国西部草甸地区的普氏原羚，它们夏毛短而有光亮，呈沙黄色并略带楮石色；冬毛色较浅，略呈棕黄色或乳白色，四肢内侧和腹部着白色毛被，尾巴呈棕黑色。一旦受到惊吓，普氏原羚臀部的白毛会竖起外翻，在绿色或黄色草地的反衬下格外醒目，警示同伴有危险临近。那种成群的有蹄类动物为逃命而狂奔，并齐刷刷地露出白屁股的场景，紧张之中又带有一种滑稽。视觉信号的局限性也很明显：很容易被障碍物阻挡，受光线条件影响大，且不能用于远距离通信。

嘹亮的警报声

听觉信号可以克服视觉信号的一些缺陷：无论是在黑暗中，还是在水里，或者是在浓密的丛林里，声音都可以传播；声音传播的距离可以更远。另外，声音的传播速度虽然无法跟光速相比，但与其他信号相比还是很快的，而且声音不像气味，不会留下可以追踪的痕迹。

大多数动物对于任何危险都使用同样的报警声，但是有一些动物技高一筹，能把报警工作做到更加细致的程度，它们发现不同的天敌，会采用不同的报警声，比如绿长尾猴。绿长尾猴把天敌区分为三类：蛇类（如蟒）、哺乳类（如豹）、鸟类（如鹰）。仔细想想，这样的划分有没有道理呢？

我们不妨先看看这三类天敌的攻击方式：蛇往往是在地面上出现，向上攻击，攻击范围较小；豹则是在地面上伏击，攻击速度快；鹰是从天而降，自上而下突袭。

针对天敌不同的攻击方式，绿长尾猴发出不同的警报声，显然能使同伴在逃避时及时选择最正确有效的方式。遇到蛇，绿长尾猴发出低沉的警报声，这种叫声可以引起附近同伴的注意，同时不会吸引其他天敌，同伴对此的反应是低头向地面张望，确定蛇的位置后再躲避；当遇到豹时，绿长尾猴会发出不连续的高声喊叫，叫声传播得很远，其他同伴听见后四散逃窜，躲到树上浓密的枝叶中；如果遇到鹰，绿长尾猴会高声尖叫，这种叫声容易定位和传播，有助于指明鹰来袭的位置，同伴听到后会躲入树下浓密的草丛中，草丛是天然的屏障，鹰扑棱翅膀，很难对付藏在其中的绿长尾猴。

警报信息的传递和共享，有时候不仅仅发生在同一物种之间，生活在同一地区的不同种类的动物，也可能发出相似的报警鸣叫，达到资源共享的最大化。比如，生活在同一地区的鸟鸫、大山雀、蓝山雀等，都有着共同的猛禽天敌，报警声相似，可以一雀鸣而群雀起，谁发现天敌并报警，大家都可以获利，降低了生存风险。鸟类的报警有时和求救呼叫混杂在一起：急切响亮的叫声既可以震慑天敌，又可以报警，甚至还可以呼朋唤友。比如，乌鸦听到同伴的求救声，就会向声源方向汇聚，然后对天敌发起集体攻击。依靠听觉信号进行通信的不足在于易受环境干扰，也会消耗报警动物的很多能量。

气味中的危险信息

化学通信，是动物依靠嗅觉、味觉探测化学物质从而进行信息传递的方式，名字乍看非常陌生，但它可能是最为常用的通信方式。化学分子传播的范围很广，相对比较稳定，可以维持较长的时间。你肯定见过小狗在电线杆上闻来闻去然后撒尿——这就是它们在留下化学标记，但是你可能不太熟悉化学信号用于报警的例子。用于报警的信息素通常是比较小的分子，分子越小，传播速度越快。比如，蜜蜂攻击入侵者，往往会蜂拥而至，越来越多。原来，蜜蜂把螫刺留在了入侵者体内并释放出报警物质，而这种报警物质会吸引其他工蜂前来参战。

化学报警信号对不同动物起到的作用不尽相同。蜜蜂的报警信号通知了蜂巢面临外敌入侵的紧急情况，号召其他工蜂加入战斗，当然，对于蜜蜂来说，它们螫了入侵者也就相当于断送了自己的性命；对于一些鱼类的幼体和两栖类的幼体来说，它们受伤的皮肤也会释放报警物质，这种报警物质在水中传播，效果却是使其他鱼类"警"而远之、绕道而行；哺乳动物，比如鹿，也会有化学报警信号，但因为这些信号与视觉、听觉信号共同作用，所以其效应很难被清晰界定，但似乎鹿的警觉性会提高很多。

动物通信的方式还有很多，同一种通信方式在不同的动物身上也有不同的表现形式。在之后讨论动物的其他行为时，我们还会接触到更多有趣的通信方式，比如说震动、利用电流等。

非常问

动物中有没有拉假警报的家伙呢？

不仅有，而且拉假警报的家伙还因此获得不少好处。非洲的叉尾卷尾鸟喜欢跟在斑鸫鹛后面，等到斑鸫鹛找到美味可口的食物时，叉尾卷尾鸟就会发出有天敌逼近的虚假警报。斑鸫鹛听到警报吓得赶紧逃走，这时丢下的食物就成为了叉尾卷尾鸟的免费美餐。就像寓言故事《狼来了》里的小男孩最终失去了村民们的信任，斑鸫鹛在连续三次上当后，也会自动忽略同一类型的报警声。

座头鲸的双面生活

只可惜，道高一尺，魔高一丈，叉尾卷尾鸟在"欺骗大师"的修炼道路上，已经进入了新的境界——它们会连续两次发出同一物种的报警声，第三次则换成另外一种物种的报警声。

是的，叉尾卷尾鸟是模仿高手，研究者在长达850小时的观察中，一共记录了它们51种报警声音，其中包含了叉尾卷尾鸟6种独有的信号和45种其他物种的报警信号，比如斑鸫鹛或红肩辉椋鸟的报警声。

数据证实，改变报警声可以使斑鸫鹛连续中招。叉尾卷尾鸟跟踪的对象也不仅仅限于斑鸫鹛，还有呆萌的猫鼬等，而根据不同的跟踪对象，叉尾卷尾鸟也会发出不同的报警声。值得为叉尾卷尾鸟辩解几句的是，乍一看，叉尾卷尾鸟是不折不扣的大骗子，而斑鸫鹛等动物是纯粹的受害者，其实不然。此前研究曾表明，叉尾卷尾鸟与受害者之间进化出共生关系，当有叉尾卷尾鸟在身后时，斑鸫鹛会放松警戒，把更多精力用于寻找食物。叉尾卷尾鸟虽然会用虚假警报骗取食物，但当有天敌逼近时，它们也会及时发出真的警报。

拜动物为师之一
——电、光、火、热的启迪

　　人类是一种极具好奇心和探索欲望的生物，这种特性使得人类十分乐于发明创造。只是细究起来，大自然才是真正的创造大师，那些让人类兴奋不已，甚至沾沾自喜的发明，在大自然的鬼斧神工面前，显得稚嫩而逊色。渐渐地，人类终于意识到了这一点，开始在大自然中汲取灵感，虽然有时候只是拙劣的模仿，但即使是山寨货也会让人惊叹不已。这门向自然取经的学科被称作"仿生学"，指人类模仿生物的结构、功能和工作原理，并将这些原理移植于人造工程技术之中。该学科的问世，极大地开拓了人类的技术眼界，人类谦卑地向自然讨教，获益匪浅。

　　这一篇我们先来看看那些由电、光、火、热带来的启迪。

鳐鱼和电池

　　电池自被发明以来，早已经历了不计其数的更新换代。回

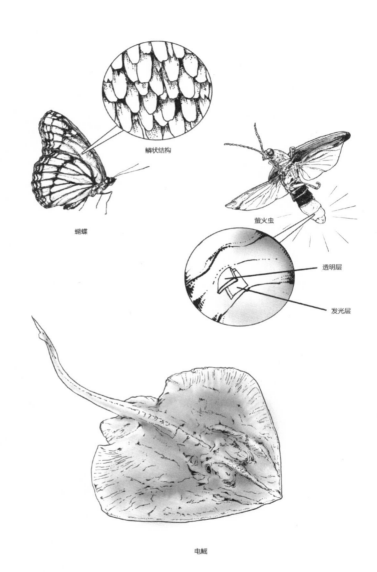

鳞状结构

蝴蝶

萤火虫

透明层

发光层

电鳐

望人类发明电池的最初时期，亦是别有一番趣味。

1772 年 6 月，一只小型航海探险队动身前往法国海岸线，启程时并没有人预料到这次航程会推动现代科学的产生。探险队的领队是刚从英国东印度公司退休的约翰·沃尔什（John Walsh）。沃尔什对于自然界中的种种有关电的现象非常着迷，尤其对海中的电鳐放电感兴趣。能够放电的电鱼种类挺多，沃尔什关注的电鳐利用电击作为它们捕猎的武器。沃尔什很想弄明白，电鳐放出的电和天空中的闪电是否相同。

航海中，沃尔什捕捞电鳐，并不惜在自己和船员身上做实验，感受电鳐的电击。等回到伦敦之后，他便致力于解开电鳐的发电之谜。沃尔什从航海旅程中带回很多电鳐做成了标本，其中有些至今保存在伦敦的亨特利安博物馆（Hunterian Museum），当年著名的外科医生约翰·亨特（John Hunter）解剖了这些电鳐，发现了它们独特的发电器官。在电鳐头胸部的腹面两侧各有一个肾脏形蜂窝状的发电器，电流来自一排排整齐排列的发电细胞。沃尔什相信电鳐产生的电不仅与闪电相同，而且人类也可以造出类似的发电机器。

这些想法在今天看来顺理成章，甚至都算不上有新意，但在当时的社会却掀起了轩然大波。人们还普遍相信着上帝是造物主，怎么可能接受人力可以与主的神迹相匹敌的假设呢？！然而，证据很快就出现了。1800 年，意大利科学家亚历山德罗·伏特（Alessandro Volta）致函英国皇家学会，信中详细阐述了如何人为制造一条电鳗，所需的零件并不复杂，你甚至可以在家里动手试一试。

你找一些锌片和铜片，以及可以吸水的纸巾。放一片锌片，上面盖一层浸润了盐溶液的纸巾，再盖上一层铜片，按照这样的顺序，不断重复，形成一个堆叠多层的柱状物，再在最上层的铜片上连接上导线。当这条导线与在最下层的锌片上连接的导线相接时，就发生了电击，尽管只是轻微的电击，但这个发电堆就已经是电池的雏形啦！它的样子的确与电鳗的发电器官很相似，伏特因此把它叫作"人造发电器官"，现在人们称其为"伏特电池"。但在当时，人们并不知道能拿电池来做什么，电池的实际应用则是三十年后的事情了。

萤火虫的化学灯笼

另一个跟光电有关的仿生学例子来自萤火虫，夏夜草丛里的点点星光来自萤火虫求爱的呼唤，发光与间歇的节奏，就是独特的求偶信号。

早在人类以研究的目光关注萤火虫发光之前，人类就发明了电灯，电灯方便并丰富了夜间生活。但普通电灯只能将很少部分的电能转变成光，其余大部分则以热能的形式散失，这也是白炽灯点久了灯泡会非常烫的原因。发光器如果可以更高效率地把电能转化成光能，那么会极大地减少因为产热浪费掉的能量。

自然界中其实有不少可以发光的生物，比如细菌、真菌、蠕虫、水母等，最绝妙的是，这些动物发光的同时并不产热，它们极高效率地把化学能转化成了光能，发出了令人向往不已的"冷光"。萤火虫不仅可以发出冷光，而且光的颜色有黄绿色、橙色等多种颜色，光的亮度也各不相同。这些冷光色调柔和，很适合人类的眼睛。

萤火虫的发光器位于腹部，由发光层、透明层和反射层三部分组成。发光层有几千个发光细胞，内含荧光素和荧光素酶两种物质。在荧光素酶的催化作用下，荧光素在细胞内水分的参与下，与氧进行化合反应便发出了荧光。科学家先是从萤火虫的发光器中分离出荧光素，然后分离出荧光素酶，后来，又用化学方法人工合成了荧光素。这种生物冷光源因为不产生热量，因此可在矿井中照明，即使矿井中充满具有爆炸性的瓦斯气体，也没有爆炸的隐患。而且因为这种光是由化学能转化而来的，并不依赖于电源，因而不会产生电磁场，可以用作清除磁性水雷等工作的安全照明设备。

蝴蝶翅膀和卫星控温

最后，我们再来看一个跟热量有关的仿生例子。遨游太空的人造卫星其实一直在渺渺太空中吟唱冰与火之歌：当卫星受到阳光强烈辐射时，表面温度可以高达 200℃；而当卫星运行到地球的阴影区域，表面温度又会下降至零下 200℃左右。这样极端的温度变化很容易烤坏或冻坏卫星上的精密仪器。

后来，航天科学家从蝴蝶身上受到启发，解决了卫星的温控问题。亲手捉过蝴蝶的人都知道，捉过蝴蝶的手上会留下细粉一样的物质。其实这是蝴蝶身体表面生长的一层细小的鳞片，这些鳞片让蝴蝶的双翅在阳光照射下熠熠生辉。但这些鳞片可不仅仅是为了好看，它们起着至关重要的体温调节作用。当阳光直射、气温上升的时候，鳞片自动张开，改变了阳光的辐射角度，减少身体对阳光热能的吸收；而当外界气温下降时，鳞片自动闭合，紧贴体表，这时阳光直射鳞片，体温得以被控制在正常范围之内。

科学家将这一鳞片控温系统应用于人造地球卫星表面，该系统外形很像百叶窗，每扇叶片正反两个面的散热能力大不相同，一面散热能力很强，而另一面则非常弱。"百叶窗"的转动部位装有对温度变化非常敏感、热胀冷缩性能特别明显的金属丝。当卫星表面温度急剧升高时，金属丝迅速膨胀，张开叶片，使散热能力强的那个面朝向太空，帮助卫星散热以降低温度；当卫星表面温度骤降时，金属丝则立刻冷缩，使得叶片闭合，让散热能力弱的那个面暴露在太空中，减少卫星的散热，起到保温的作用。

我们从动物身上得到的启示还远不止这些，下一篇让我们一起来看看动物对我们的工程力学发展有什么高屋建瓴的指导。

非常问

我们从动物皮毛中获得了哪些启示？

陆地上动物的皮毛具有良好的御寒功能，原因在于其结构具有防风隔热效果。动物近皮处长有细密的绒毛，绒毛能够大量储存空气，而空气是热的不良导体，所以可以达到最佳的保温效果；而动物外表覆盖长毛，长毛的横向抗风作用最大。如此便形成了绒毛阻挡体温向外散发，横向长毛阻挡寒风侵入的双重保温作用，这就解决了风寒的问题。另一个让人感觉寒冷的因素来自于湿寒，而动物的皮毛有良好的导湿功能，亦能给人类以启发。我国纺织人员借鉴此结构，设计出保温性能良好的 KEG 面料：里层做成粒绒，能在接触皮肤时给人以柔软感，并把人体散发的热气储存在粒绒中间的空气中；中间层是由人造纤维做成的网状骨架，网状骨架中涂有复合化学物质；最外层随功用不同而做成不同的装饰层。

KEG 面料由于具有轻、薄、软的特性，因此能帮助参加赛车、登山、滑雪、马球等项目的运动员在寒冷的天气里提高成绩；而又由于它具有防静电、防水、防油、阻燃等功能，简直集皮衣、雨衣、风衣和棉衣的功能于一体，因此适合士兵和油田工人在恶劣条件下穿。

拜动物为师之二
——力之微妙

"力拔山兮气盖世"是用来形容大英雄项羽的诗句，力气大是可以突显英雄气概的特征之一。千百年来，人类在追求力量的道路上不遗余力。这种对力量的追求，可以从不同的思路进行：一种是研究新型材料，改善其物理特性，其实也就是改进材料的微观结构；另一种则是通过宏观结构上的创新，以达到增强力学特性的目的。

刀枪不入的蜘蛛丝背心

对于第一种思路，生物学家在自然界中发现了强度很大的生物材料——蜘蛛丝，其强度相当于同样粗细的钢丝的 5 倍。蜘蛛丝不仅强度高，弹性和柔韧性也俱佳，而且耐冲击、耐低温。通过转基因的技术，人们可以把用蛛丝蛋白合成的基因从蜘蛛的基因组中提取出来，导入山羊的基因组内，当山羊产奶时，羊奶中就会含有蛛丝蛋白。也有研究者将蛛丝蛋白基因导入微生物或植物中进行表达，然后分离、提纯、纺丝。虽然人造蛛丝纤维目前还不能量产，但人们已经预见到其可能会有的应用前景，比如用在防弹衣、医疗用的缝合线等制造上，甚至有人脑洞大开，想着有朝一日，把蛛丝纤维植入人体皮肤，于是无论刀割还是枪击都再也不能伤人皮毛了！

与此类似的另一个例子来自贝类。我们都听说过贻贝和藤壶黏附在船体上难以去除，给航行造成不便。科学家是一群善于换个角度想问题的人，他们想，既然黏附得这么紧，那么其用于黏附的物质是不是特别棒的生物胶水，而且这种胶水在水下使用也完全没有问题呢？

贻贝超强的黏附力来源于其足丝腺分泌的足丝，足丝的主要成分就是名为"贻贝粘蛋白"的蛋白胶体。美国麻省理工学院的科学家通过转基因技术，使得细菌不仅可以分泌贻贝分泌出的蛋白质胶水，还可以将这种生物胶水与细菌分泌的纤维蛋白结合在一起，混合蛋白的黏合效果要优于贝类分泌的天然蛋白质胶水。这种神奇的生物胶水可以应用在船体修复、手术后伤口愈合等诸多领域，目前最大的问题也依然是无法量产。此外，该研究小组还计划用细菌制造一种"活胶水"，这些细菌能够自己发现物体表面的损伤，并通过分泌黏合剂的方式将其修复。这听起来像是天方夜谭，但科学界向来欢迎最疯狂的创想。

可以呼吸的大厦

　　第一种思路还不是典型的仿生学，准确地说，只是用转基因的方法获得想要的生物材料；第二种思路则是真正借鉴生物力学结构原理，通过改变人工制品的宏观构造，达到优化力学特性的目的，其使用的材料并不要求必须是生物材料。我们来看看蛋壳给我们的启示。

　　虽然我们将生鸡蛋在碗沿上轻轻一磕就破，但哪怕是个大力士，也很难靠掌力单手握碎一个鸡蛋，这主要是因为此时鸡蛋各个方向受力均匀，互相抵消，因而薄薄的鸡蛋壳也可以承受很大的力。现代一些大型场馆就充分利用了蛋壳结构这一力学特性，超大的跨度使得建筑物内部拥有了连续的、不被分隔的完整空间，给室内场馆多种用途的实现提供了基础。大型建筑还面临一个问题——热胀冷缩效应。

　　季节的更替，气温的升降，如何克服由此带来的建筑材料可能发生的形变呢？传统的做法是在建筑表面每隔几十米就预留一个收缩缝，这样即便是在高温使得材料膨胀的时候，也不至于导致变形，可是这样建筑外观看起来就不那么好看啦。除了考虑温度的变化，大型建筑还要考虑自身对风力和地震等自然力作用的抵抗能力。专家们再一次向生物取经，创造出可以"呼吸"的结构，听起来很不可思议吧。这种结构的精妙之处在于：支撑大顶棚的混凝土柱子和其他受力的钢铁部件都采用了可以轻微转动的螺栓进行固定；在柱子近地面的关键连接点，更是采用了可以转动的板铰节点。当外界环境变化时，这样的设计使得建筑物可以通过自身内部轻微的转动实现整体的稳定，达到抗震、抗形变的目的。想象一下，人在呼吸的过程中，肋骨、胸骨、胸椎之间的相对运动是与此类似的。

对力的把控，并不仅仅局限于力之增强，更多时候是在追求一种坚固与灵活并存的两全状态。犰狳是全身披着硬甲的动物，但其坚硬的盔甲并未影响其活动的灵活性。设计师从中获得启发，设计了一款别出心裁的背包——硬质的材料使其坚固

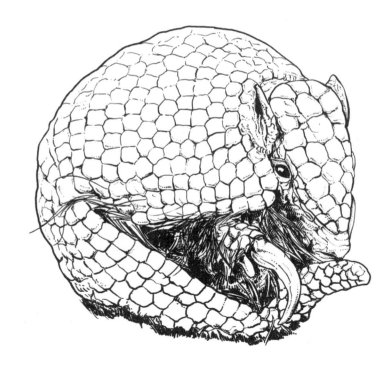

抗压，而结构搭建的巧妙又使其使用起来灵活无比。

长颈鹿和飞行员的外套

动物身上的力学原理不仅在日常建筑和生活用品设计中给人们以灵感，还在航天航空事业中起到神奇的作用。超高速歼击机在突然加速爬升时，飞行员会因为重力的陡增而面临脑部缺血的情况，不仅危险而且非常痛苦。长颈鹿也有类似的问题——由于身体极高，单靠自身心脏搏动的压力，难以把由于重力作用而沉积在身体下部（比如四肢和胸腹部）的血液像泵抽水一样送到头颈部。长颈鹿是怎么解决这个问题的呢？

长颈鹿腿部皮肤在进化中褶皱逐渐消失，真皮层紧紧包裹住肌肉，并向内施加压力，四肢中的血液被皮肤向内的压力压向上半身，缓解了头部供血不足的问题。科学家参照这个原理设计了抗荷服，经抗荷调压器向抗荷服的气囊充气，气囊膨胀拉紧衣面，对腹部和下肢施加压力。这种对抗压力的方式能阻止血液在正过载作用（即飞机加速爬升而导致的飞行员身体承受的重力增加）下向下半身转移，从而保证头部的循环血量，防止由突然的晕厥而引发的飞行事故的发生。

力学之微妙不是用两三个例子就可以完全呈现的，但仅从这几个故事中，我们就可见一斑。在今后的研究中，动物在这方面还会给我们更多精彩的启示。

座头鲸的双面生活

非常问

世界上力量最大的动物是什么？

其实这个问题简直无从回答，因为问得太笼统了。力量究竟指的是什么力量？咬合力？撞击力？抓握力？是指绝对力量还是指考虑动物体重的相对力量？今天我们来看看动物的咬合力。

目前普遍认为，湾鳄的咬合力超强，尤其是对于大型海鳄而言更是如此。湾鳄又名"马来鳄""食人鳄"，是湿地食物链中的顶级捕食者，是二十三种鳄鱼品种中最大型的一种，也是现存世界上最大的爬行动物。湾鳄以大型鱼、泥蟹、海龟、巨蜥、禽鸟、野猪、野牛等为食，超强的咬合力使其可一口咬碎海龟的硬甲和野牛的骨头。湾鳄的头骨长而扁平，呈V形，这使它们的攻击范围更广。其下颌像钢夹一样，一旦触碰就会自动闭合。然而超强的咬合力并不等同于强大的战斗力——湾鳄嘴里长有许多牙齿，但这些牙齿都是槽生齿，圆而钝，无法咀嚼或撕咬，湾鳄只能借助巨大的咬力死死钳住猎物翻滚，费老大力气才能揪下一块肉来。

拜动物为师之三
——运动的灵感

长期的自然选择和进化使得动物在运动方面各具特点，飞鸟、游鱼、跳蛙、奔马，它们的运动潜能带给人类自身的体育运动和人类制造的机械运动很大启示，体育仿生学就由此而来。有些启发已经被广泛应用，以至于不说出来你简直想象不到它们来源于自然。

像袋鼠一样起跑

大家都看过短跑比赛，正式的比赛中，运动员毫无例外都采用蹲踞式起跑。在蹲踞式起跑被发明之前，运动员普遍采用的是站立式起跑。到底是谁发明的蹲踞式起跑呢？年代久远，众说纷纭，其中一个说法是一位名叫查尔斯·舍里尔的短跑运动员在观察袋鼠运动时得到了启发。1888 年，舍里尔在观察黑尾沙袋鼠的奔跑时发现，它们在起跑前总是先弯曲身子使腹部贴近地面，然后粗壮的后腿强有力地一蹬，便以子弹出膛般的速度奔跑起来。舍里尔采用这种起跑技术大大提高了自己的短跑成绩。

　　蹲踞式起跑技术为什么能提高速度呢？黑尾沙袋鼠身体高大，母袋鼠有时还在育儿袋中携带幼崽，体重就更大了。黑尾沙袋鼠如果采用站立式起跑，很难克服本身偌大的体重所产生的阻力，这样初速度就不会很大。它们弯下身体起跑，有两个有利因素：一是重心降低，使得在起步、奔跑和跳跃时的向前的水平分力增加；二是充分利用了后腿的蹬伸作用，使其能迅速地摆脱静止状态，获得较大的起跑速度。

蜻蜓的平衡棒

陆地上飞奔，长空中翱翔，飞机的发明实现了人类的飞翔之梦。早期制造的飞机面临一个很严重的飞行问题——颤振。飞机受到空气动力、弹性力和惯性力的综合作用发生大幅度振动，这时很有可能会发生失控坠机等严重事故。自然界中飞行的昆虫也会面临同样的问题，我们从蜻蜓的解决方法上得到了启发。

观察过蜻蜓飞行的人都会发现蜻蜓飞行得十分平稳，而近距离观察过蜻蜓的人，都会注意到在蜻蜓的前后两对翅膀的靠前靠外的边缘处，各有一个深色的斑块。因为翅膀的其余部分都是浅色透明的，所以这四个深色斑块虽然不大，但十分明显，这些深色斑块叫作"翅痣"或"翅眼"。蜻蜓正是靠这四块角质加厚的翅痣来克服飞行时产生的颤振的。如果我们把蜻蜓的翅痣切除后再放飞它，就会看到它飞得荡来荡去，就像醉酒一般，不再平稳。人们将此发现借用到飞机上，将飞机两翼末端的前缘制成翅痣样的平衡棒，保持飞机在飞行中的平衡。

不同的昆虫有不同的飞行平衡技巧，蜻蜓是靠翅痣，而苍蝇做得更为彻底，它们本是双翅目的昆虫，但是你只能看到它们的一对前翅，它们的一对后翅完全退化成细小的棒状物，被称为"平衡棒"或"楫翅"。不要小看这一对哑铃状的平衡棒，

座头鲸的双面生活

它们赋予了苍蝇高超的飞行本领——垂直上升下降、急速转向飞行、稳稳悬停空中。

苍蝇飞行时，平衡棒以每秒330次的频率不停地振动。当苍蝇身体倾斜、俯仰或偏离航向时，平衡棒基部的感受器会感觉到这些变化，并将这些信号传递到苍蝇的"大脑"，"大脑"经过分析后再向相关部位的肌肉组织发出纠正指令，从而校正身体姿态和飞行方向。

根据平衡棒的导航原理，科学家们研制成功了一种新型振动陀螺仪。它的主要部件像"音叉"，通过中柱固定在基座上，在"音叉"两臂四周的电磁铁使"音叉"产生振幅、频率固定的振动，模拟了苍蝇平衡棒的振动。当飞机、舰艇或火箭偏离正确航向时，"音叉"基座和中柱会发生旋转，中柱上的弹性杆将这一振动转化成电信号，传给方向舵，从而纠正航向。

自然界中还有一类捻翅目的昆虫，它们原本也有两对翅膀，但是仿佛是与双翅目的昆虫相呼应，捻翅目的昆虫的雄虫前翅退化成细小的棒状物，被称为"假平衡棒"。

旗鱼飞车

聊过奔跑和飞行，最后让我们看看旗鱼能够给我们怎样的启发。旗鱼是世界上游泳速度最快的动物之一，它们游完100米只需要飞人博尔特跑完100米所用时间的一半。为什么它们可以游得这么快呢？研究显示，旗鱼皮肤上的鳞片会产生微小的漩涡，将整个身体包裹在一层气泡中，而不是直接与密度更高的海水接触。这就大大减小了阻力，让快速的游动成为可能。关于这个发现，有个有趣的故事。

弗兰克·史蒂芬森是迈凯伦汽车公司（McLaren Automotive）的设计总监，这家公司设计了一系列广受好评的高端汽车产品，而公司历来有从自然中获取灵感的传统。当史蒂芬森在加勒比海度假时，他注意到自己下榻的酒店墙壁上挂着一个旗鱼标本。一位当地人告诉史蒂芬森，他非常骄傲自己捕获了一条旗鱼，因为它游得实在是太快了。普通人对这句话也许只是一听而过，顶多并不走心地称赞两句。然而这句话却吸引了史蒂芬森，他买了一条旗鱼并送去制成标本，随后将它发往位于英国萨里郡的迈凯伦公司空气动力学研究实验室，在那里，公司的研究人员解开了这种鱼得以高速游动的秘密。史蒂芬森买的那条旗鱼标本现在被挂在了迈凯伦公司的墙上作为纪念。

迈凯伦 P1 混合动力超级跑车，其设计元素中有的运用了来自旗鱼的灵感。这款超级跑车的发动机管路内壁借鉴了旗鱼表皮的结构，这一改进让发动机的进气通量提升了 17%，大大改善了该车的性能——新型 P1 发动机可以产生强劲混合动力，因而需要更多的空气输入来帮助燃烧和引擎冷却。而旗鱼身体后侧靠近尾部的两只鱼鳍的作用是实现身体周边气泡和水流的稳定导流，这个概念也被运用于车身设计中，使汽车的外形更加符合空气动力学原理。

当我们潜心观察、虚心讨教的时候，大自然让我们具备了更强的运动能力，让速度与激情得以彰显。毕竟，长久的进化蕴含了无穷无尽的智慧，我们需要的只是发现的眼睛。

非常问

说了这么多动物给予人类的灵感，
难道植物就没有给人类任何启发吗？

当然有啦！我上小学的时候，经常有同学会互相砸一种绿色的小小的刺球玩，这是苍耳属植物的果实。因为其表面长满了带有倒钩的刺，所以它很容易粘在衣服上。而这个童年的乐趣却启发人们发明了尼龙搭扣。尼龙搭扣的一边是一排排的小钩，另一边是密密麻麻的小线圈，两边贴在一起的时候，小钩就牢牢钩住小线圈，不费点儿力气还真撕不开呢。尼龙搭扣是一位瑞士发明家在遛狗时的意外收获。有一次，他带着狗去树林里散步，回来时，发现狗身上和他自己的裤子上都粘满了苍耳，在费力清除这些小麻烦的时候，他获得了灵感。

再说一个老祖宗的故事。相传春秋战国时期的鲁国工匠鲁班在上山伐木途中突然感到手指剧痛，抬手一看，手指已经被划破了。再仔细查找路边的"凶器"，原来是茅草所为。鲁班细细观察，发现茅草叶子两边长着锋利的锯齿，由此发明了人类历史上第一把带有锯齿的木工锯。

"巨型绅士"还是"尖叫杀手"
——座头鲸的双面生活

座头鲸，"座头"二字来源于日文，意思是"琵琶"。座头鲸背部呈弓形，像琵琶一样，因此被称为"弓背鲸"或"驼背鲸"；座头鲸的两只胸鳍特别修长，几乎达到体长的1/3，所以又被称为"长鳍鲸""巨臂鲸""大翼鲸"；座头鲸腹部纵向平行的褶皱也很有识别度。

绅士巨无霸

座头鲸是海洋里的大家伙，虽然还有比它个头更大的家伙，但是12米～15米的身长也已经不可小觑了——那可是四五层楼的高度呢！大家伙往往给人憨厚的感觉，座头鲸也不例外，被人誉为"巨型绅士"。座头鲸性情温顺，在海洋里常常成对活动，成体之间的互相触碰是很温柔的。而母鲸更是对孩子照顾有加，有时候甚至会驮着幼鲸游动，帮幼鲸节省体力。座头鲸游得比较慢，每小时8千米～15千米，相当于人慢跑的速度，所以当它们在海面上缓缓游动的时候，露出的背部就像是随波逐流的小岛。虽然游得慢，但座头鲸每年在高低纬度海域之间的迁徙距离却长达2.5万千米，也算是长途旅行爱好者了。

座头鲸的绅士形象还来源于它们高超的歌唱技巧——这可不是毫无章法的嘶吼，而是有规律可循的歌唱。它们擅长用人类常用的"ABA"调式演唱：先唱一段旋律，再唱一段阐述性的旋律进行补充，最后稍加改变回到最初的旋律上。最有意思的是，这些歌唱家之间似乎也很崇尚学习，科学家发现，印度洋的座头鲸移居到澳大利亚的太平洋海域后，三年之内，澳洲"土著"座头鲸就放弃了它们的传统曲目，转而演唱这些外来户带来的新曲。至于座头鲸为什么要歌唱，科学家相信这与座头鲸求偶、通信有很大的关系。

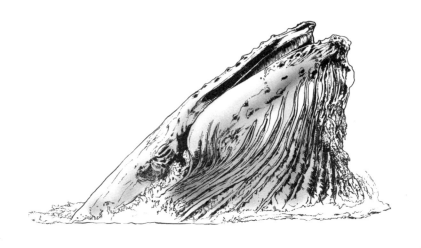

座头鲸的双面生活

大肚鲸鱼的吃相

然而，我们的大块头绅士并不总是保持这么美好的形象，它们也有凶悍的一面。座头鲸是须鲸，为什么叫"须鲸"呢？因为它们并没有用于捕食的利齿，而是靠像梳子一样的鲸须来滤食，大口大口地吞下海水，而这海水便挟带着小鱼小虾。相对来说，另一些有牙齿的鲸类被称为"齿鲸"。听上去，须鲸的捕食只要张大嘴巴就万事大吉了，其实才不是这样呢，座头鲸也有自己的捕食策略和技巧。

招数一：冲刺式进食法。座头鲸的嘴在张开时，它特殊的弹性韧带能够使下颚暂时脱落，就像"吞象"的蟒蛇，使得口形成超过 90°的角度，可达到 4.5 米宽。座头鲸张着这么大的嘴巴朝虾群鱼群冲过去，吞进大量海水和鱼虾，最后排出海水，吞咽鱼虾。这个方式好像没有太多的技术含量，但是在鱼虾丰富的地方，还是很好使的一招。

招数二：轰赶式进食法。这种方法巧妙地利用了强有力的尾巴。座头鲸将尾巴向前弹，把鱼虾赶向张大的嘴巴。当然这种方法也只有在食物密集的时候才好用。

招数三：气泡围猎法。以浮游生物为食的鱼虾，会上浮到离海面很近的地方大快朵颐，然而，这也很危险，因为鱼虾的天敌也在这附近游走。所以，有时候鱼虾为了躲避来自天空或海里的多种猎手，会向海水深处潜逃，企图增加猎手猎杀的难度，提高自己的存活机会，但座头鲸亦有妙法见招拆招。

座头鲸会在鱼虾向深处潜逃之前，就从大约 15 米深处以螺旋形姿势向上游动，与此同时吐出许多大小不等的气泡。这些气泡上升、融合，形成一种圆形的气泡网，将猎物紧紧包围在网内并将其逼向网的中心，同时保证猎物待在靠近水面的地方。鱼虾已经被围困在气泡网内后，剩下的就是座头鲸竖直向上大嘴吞食，来享用美味了。

以前只见过海豚吐气泡嬉戏，现在看到座头鲸将"气泡神功"用于捕猎，真是奇妙。而这种捕猎方法，和人类捕鱼时采用的两艘渔船同时拉拽大型渔网以兜起大量鱼虾的方法，简直有异曲同工之妙，都是一网打尽的好方法。

招数四：连声尖叫吵死你。座头鲸捕食鲱鱼还有一个意想不到的大绝招，姑且叫作"连声尖叫吵死你"。我们前面已经提到，座头鲸是名副其实的情歌高手，它们还把一副好嗓音用在了围猎鲱鱼上。座头鲸发出的尖叫声可以有效地干扰鲱鱼群的运动，让它们晕头转向。这种尖叫声经过加速处理后，可以被人耳感知到，听起来像是防空警报声，又带有一种格外凄婉的哀怨感，可不是嘛，对鱼群来说，这可真的是丧歌啊！不过，这种噪声围猎法还有很多不解之谜，科学家们观察到，一群围猎的座头鲸中，往往只有一两头会发出尖叫声，那么这到底是团队默契的分工合作，还是只是这一两头座头鲸特别爱唱歌呢？这依然有待后人的探索研究。

无论是"巨型绅士"还是"尖叫杀手"，无论是温情脉脉地哼唱情歌还是厉声尖叫围猎鱼群，这都是为了生存繁衍而努力的座头鲸。

最后我们要提到的是一只孤单、寂寞的鲸。1989 年，美国马萨诸塞州伍兹·霍尔海洋研究所的海洋生物学家在北太平洋水域发现了一只叫声奇特的鲸。1992 年，科学家们开始追踪它的行踪，这只鲸一直游弋在北太平洋海域，发出频率为 52 赫兹的声音，然而其他鲸的声音频率则为 15 赫兹～20 赫兹，也就是说它寂寞的歌唱永远不会被其他鲸类听见，或者听见了也无法理解。于是这头鲸成了广袤海洋里最孤独的歌者。

非常问

不同动物的听觉相同吗？

当然各不相同。如果蜜蜂小姐要开演唱会，那么人类得坐在离它 3 米～4 米的距离处才能聆听到，而狗坐在离它 20 米～30 米的距离处就可以听到，兔子在 100 米开外也不会错过这歌声，猫头鹰和蝙蝠在距离 500 米处依然可以好好欣赏。

事实上，据科学家估计，在动物能够发出的声音范围内，我们人类可以接收并感知的大概只有10%。人耳能够探知的声音频率在20赫兹～2万赫兹，低于20赫兹的次声波和高于2万赫兹的超声波都是我们无法听到的，但有的动物却是用次声波和超声波来进行通信交流的。次声波可以从地面土层传播到数万千米之外，大象正是利用次声波来进行安全性高且距离甚远的声音信号的传播的；水母也有感知次声波的结构，它可以在风暴来临前探测到次声波，从而向深海方向逃离；老鼠听力范围上限可以高达12万赫兹，超声波是它们日常沟通的工具，所以你能听到的老鼠吱吱声只是它们发出的声音的一小部分而已。

　　目前已知的动物中，大蜡螟的听力上限最为惊人，最高可以达到30万赫兹，这种惊人的听觉能力恰恰是动物协同进化的好例子。大蜡螟在躲避捕食者——蝙蝠的进化历程中，形成了超强的听力。蝙蝠的听觉范围最大不超过21万赫兹，任何已知的蝙蝠种群都无法发出和听到30万赫兹的高频声音。

细想真奇怪之一
——我们为什么要笑

　　你的下巴掉下来了，你的嘴唇上翻，露出了牙齿，你的眼睛可能闭上了，你的脸颊上移，同时你发出了"哈哈哈"的噪声，你是怎么了？你没怎么着，你不过是在大笑而已。笑的种类很多，在中文里你就可以找到诸如坏笑、诡笑、狂笑、假笑、冷笑、窃笑、嘲笑、甜笑、微笑、欢笑、苦笑、憨笑等等不同的笑，可是你有没有想过，我们为什么要笑？我们是从什么时候开始笑的？我们的动物近亲会笑吗？笑有什么深层次的意思吗？被我这么一问，你是不是要哑然失笑了？往往就是这样，越是司空见惯的现象，越是说不出个所以然来，这样一琢磨，也就越有味道。

动物们的笑脸

　　首先让我们看看，笑是不是人类独有的。如果你养过宠物，如猫、狗，你一定会觉得它们玩得开心的时候好像是在笑；

或者如果你去过海洋馆，你会发现，海豚似乎透过玻璃在对你礼貌地微笑。英国的研究者对赞比亚的奇方希野生动物孤儿院（Chimfunshi Wildlife Orphanage）里的 46 只黑猩猩做了严谨的研究。这 46 只黑猩猩有些出生在野外，有些出生在孤儿院里。当它们在一起玩耍或者是独自玩耍的时候，研究团队首先用摄像机记录下它们的面部表情，然后利用面部表情识别工具，对嘴唇上翻、眼睛睁大、面颊上提等细节做了不同编码，最后再进行统计分析。通过分析 1270 次笑的记录，研究者鉴定出黑猩猩 14 种不同的笑脸：有些是笑出声来的，出现在一起激烈地玩耍或温和地玩耍时，往往都伴随着肢体接触；也有一些是无声的笑，更多出现在黑猩猩独自玩耍的时候。研究者发现，黑猩猩可以非常灵活自如地应用不同的笑脸与同伴沟通交流，传达不同的情绪。

看来黑猩猩很会笑，但它们的笑与我们人类的笑不尽相同。我们笑的时候总在吐气，不管是"哈哈哈"还是"呵呵呵"，抑或是"咯咯咯"。（不信你现在就可以试一试，当然环顾左右，三思而后行，不要吓到别人。）但黑猩猩可以在吸气的同时大笑。我们人类笑的时候，声带的振动更有规律，因而笑声也更富有节奏。

原来笑并不是人类独有的，我们的猿人祖先已经进化出了笑的本领，这么算来，我们也笑了好几百万年了。那么，笑的进化意义是什么呢？换言之，为什么我们的祖先会进化出笑这

种表情呢？这个问题前人有很多不同的理解，见仁见智。

笑也是一种语言

　　西班牙的研究人员马里胡安（Marijuán）和纳瓦罗（Navarro）认为笑的进化与人大脑的进化密不可分。当然，人脑本身的进化就是谜中之谜。随着人类族群中人口规模的增长，人脑的进化速度也在提升。如何解释呢？更大的族群自然带来更为复杂的社会交往关系，而语言和其他复杂的社交行为正是人脑进化的产物。你想想，只需要与一个好朋友维持好关系和需要同时与很多人维持好关系相比，哪个更费脑子？根据"社会脑假说"，大脑的进化并不是为了解决诸如怎么使用工具、怎么有效捕猎、怎么烹饪这样的问题，大脑的进化是为了人类能更好地在大族群中生活，也就是为了能应付所有的社交需求。

你看过猴群之间的交流吗？它们的社交生活中很重要的方面是互相理毛，它们每天20%的时间都在干这事，这可不仅仅是为了清洁身体或是把虱子当零食来吃，这主要是为了建立和巩固两只猴子之间的情感联系。

但是，理毛这事只能两两一对进行，问题也正出于此，如果要靠这招跟猴群里每个个体建立良好关系，那可真是要费老大劲了。而语音和表情在建立联系上就要高效得多。进化出来的语言可以帮助个体短时间内在大群体中建立个体之间的联系，十多个个体聚集在一起聊个天还是很容易的。笑则可以看成是这种语言交流的扩展和延伸，毕竟聚众聊天中能够说话的人数还是有限的，笑可以作为一种信号，表明你也是这个大聊天群当中的一员，尽管你没有太多的机会开口说话。

在达尔文的《人类和动物的表情》里面提到：笑其实是人类的猿类祖先进化出来的一种区分攻击与打闹的方式。如果在生活中，你的朋友突然打你一下，而且他表情严肃凝重，你一定会觉得莫名其妙而心生不满；但如果你发现他面带笑容，那么即使你在挨打的瞬间摸不着头脑，但看到那笑容也会立刻明白他是在跟你闹着玩呢，往往你也会回应他一个笑脸，于是笑就高效地传达了你们对彼此的友善态度。猩猩也一样，它们经常会有游戏性的打闹行为，龇牙咧嘴的笑脸便帮助它们传达出"我没有攻击性，我只是想和你玩"的意思。

还有人认为，笑是因为警报被解除后而产生的表情。在听到笑话或发生可笑的事的时候，原本你预设会出现某种结果，但往往结果却是另一回事，这种反差让你从根本上对情况重新做出解释，而笑则告诉身边人，刚才出现的是"假警报"。比如说，看到有人因走路看手机结果撞在电线杆上了，如果情况很严重，头破血流的，你一定不会有笑的冲动；但如果他只是撞了一下，摸摸额头又继续赶路，你可能就会笑出来，而你的笑传达了这样的信息——他受伤并不严重，不必担心，无须救助，刚才只是一个"假警报"。

围绕着笑，还有很多没有研究清楚的问题，尤其是人类如何进化出那么多种含义丰富的笑呢？你如果对这个问题饶有兴趣的话，可以从观察身边人的笑开始，去感受不同情绪下声色各异的笑。当回想起本文时，你也许会会心一笑。

人类以及人类的哺乳动物
近亲可以用丰富的面部表情进行信息
沟通、情绪交流，那么其他种类的动物呢？

胡蜂也可以。严格地说，胡蜂并不能挤眉弄眼做出各种不同的表情来，只是密歇根大学的研究人员发现了一种特别的胡蜂——纸巢蜂（*Polistes fuscatus*），它们可以识别并记住同类的面部标记，并利用这一信息在交流互动时区别不同的个体，就像人类在社交中也会记住家人、朋友、同事的脸。

记住蜂脸有什么好处呢？这要从胡蜂的社群构成说起。胡蜂的社群是由多个胡蜂女王共同创建的蜂巢所构成的，它们一起合作养育后代，但同时也会竞争并形成不同的社会等级。所以，胡蜂如果记住同伴的脸，知道哪些是已经臣服于自己的，哪些是自己必须向其俯首称臣的，可以有效避免相遇时的剑拔弩张，减少耗费精力的摩擦，从而促进整个蜂巢的和谐稳定。

面部识别在蜂群社交中起到了重要的作用，或许这也是自然选择的结果。研究表明，这种胡蜂的确拥有相对更大的复眼，让人难免推测，这是否与识别面部的功

座头鲸的双面生活

237

能相适应。胡蜂与人类各自独立地进化出了面部识别本领，想来也是十分有趣。

细想真奇怪之二
——我们为什么会起鸡皮疙瘩

"这小溪的水太凉了，我赤脚踏进去立刻起鸡皮疙瘩了！"

"《剧院魅影》的音乐太震撼了，听得我起了一身鸡皮疙瘩！"

"云雾缭绕中的黄山真是太美了，看得我鸡皮疙瘩都起来了！"

"那个电影画面好恶心啊，我鸡皮疙瘩掉了一地！"

"看到奥运赛场上五星红旗冉冉升起，我兴奋地汗毛竖立！"

"我昨天在家偷偷看电视，听到妈妈开门的声音，吓得我汗毛倒立！"

"周末我跟爸爸顶嘴，他怒发冲冠的样子真吓人！"

以上的话语听起来并不陌生，相信你也一定经历过不少类似的场景。看着胳膊上凸起的密密的小疙瘩和竖立起的根根汗毛，你可曾想过，鸡皮疙瘩到底是什么？汗毛怎么会立起来？

汗毛是什么毛

让我们从皮肤的构造说起。皮肤是由表皮层、真皮层和皮下组织构成的。表皮的最外层是些死去的细胞——我们洗澡时搓出的"泥"，就是它们了，它们被称为角质层。表皮层是一层排列紧密的细胞，把细菌、灰尘之类的坏家伙挡在外面，这一层里没有血管，所以割破了也不会流血，愈合了不会留疤。而真皮层就不一样了，里面分布了毛细血管和神经，如果伤到真皮层，会流血，还会留疤。我们的汗毛露在表皮外面的部分叫作毛干。轻轻拉动一下，汗毛不会轻易掉下来，这是因为汗毛的那一头——毛根深深地扎在毛囊里面，而毛囊又埋在了真皮层深处。毛囊中端连接着立毛肌（又称"竖毛肌"），立毛肌是非常纤细的肌肉。当立毛肌收缩的时候，它会牵拉包裹着毛根的毛囊，皮肤外的毛干就随之竖立起来了，立毛肌因此得名；而与此同时，皮肤因为被扭转而出现疙瘩状的突起。至于为什么叫鸡皮疙瘩，你找一只拔了毛的鸡来看一看就明白啦！

低温以及各种激烈的情绪都有可能让你鸡皮疙瘩凸起、汗毛竖立，例如此篇开始部分涉及的不同情绪——震撼、厌恶、兴奋、惊吓、愤怒等。当神经系统接收到外界的各种刺激时，就会发出生物电信号，这些信号在神经细胞之间传递，就像接

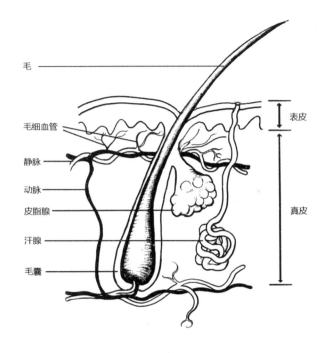

毛

毛细血管

静脉

动脉

皮脂腺

汗腺

毛囊

表皮

真皮

力赛跑一样，最后作用在立毛肌上，立毛肌接收到神经系统传来的信号时就会发生收缩，产生鸡皮疙瘩和汗毛竖立的反应，这也被称为"竖毛反射"。这就好比你摁下电灯开关，电流在电线上流过，最后到达灯泡，电灯就亮了起来。

起疙瘩为保暖

那么起鸡皮疙瘩有什么好处呢？当突遇寒冷的时候，我们的汗毛竖起，可以包围空气，形成一层"空气衣服"，起到隔绝热量且防止热量散失的作用。对于其他情绪上的刺激，我们需要追根溯源，看看我们的原始祖先为什么进化出起鸡皮疙瘩这样的技能。

动物在遇到天敌时，通常有两种反应或选择：一种是战斗，一种是逃跑。无论是选择战斗还是选择逃跑，身体都需要兴奋起来，为下一步行动做好准备。这时，神经系统会促使分泌肾上腺素，这种激素通过血液运送到身体各处，加速心脏跳动，加快氧气、养分和废物的运输，加强新陈代谢，升高体温，增加肌肉的灵活性；同时神经系统也会促使我们前面提到的竖毛反射的发生。祖先猿猴毛发浓密，毛发竖立起来会使得它们整体看起来更加强大，从而在一定程度上可以威慑天敌。

到了今天，人类已经退去了浓密的毛发，甚至被称为"裸猿"，自然不可能指望靠着汗毛竖立就吓退敌人。但是，因为"刺激—神经—立毛肌—汗毛"这样的通路依然存在，所以起鸡皮疙瘩和汗毛竖立的情况也依然保留。而且除了惊吓，其他一些正面或负面的强烈情绪波动也能引起相同的反应。

吓唬对手的汗毛竖立

在我们身上，最容易起鸡皮疙瘩的部位是前臂，但是在腿上、脖子上等其他有汗毛覆盖的地方，甚至在脸上和头皮上都会起鸡皮疙瘩。所以说起鸡皮疙瘩其实是很常见的。当刺激因素消失的时候，立毛肌随之放松，汗毛自然也就倒下来了。

如果大家想见识一下把汗毛竖立做到极致的动物，那就去拜访豪猪吧。它们身上的刺是毛发的特化，有的尖端生有倒钩，坚硬而锐利。平时棘刺贴附于体表，遇到敌害，肌肉收缩，棘刺竖起，并不停抖动，发出唰唰的声音，其"刀枪林立"的样子和自制的音效双管齐下，多数天敌都会知难而退。倘若天敌不知好歹，继续进犯，豪猪就会以背部、臀部朝向敌人，倒退着撞向对方，甚至可以利用肌肉的弹力，将背部的硬刺发射出去，虽然发射的力量不大，但也足以吓唬敌人。棘刺扎入皮肉往往导致溃烂、感染，所以豪猪绝对不是肉食动物的首选佳肴。

座头鲸的双面生活

243

非常问

汗毛竖立都是应激反应引起的吗？

并不是，大家需要注意，汗毛竖立也是一些疾病的经典病征，如颞叶癫痫（颞叶是大脑的一部分）、脑肿瘤、自主神经反射亢进，这些疾病都是神经系统出了问题，所以也不难理解为什么会导致出现汗毛竖立的病征了。

还有一种被称为"毛囊角化症"的皮肤病，病人皮肤毛孔处发红、凸起，颗粒粗糙，看起来很像鸡皮疙瘩，因此被称作"鸡皮肤"，虽然不痛不痒，也不会病变，但是皮肤干燥、起屑，影响美观。病人汗毛毛囊周围的角质增厚，堵塞毛囊口，从而形成一粒粒的突起。秋冬季节，皮肤为了自我保护本身就会有角质增厚的情况，故而鸡皮肤也就显得更加严重。目前，这种天生的鸡皮肤还没有方法彻底治愈，但患者可以通过多吃蔬菜和水果，口服维生素 A 和维生素 E，局部外涂 3% ～ 5% 水杨酸软膏、湿疹霜及鱼肝油软膏等方法来有效地改善症状。

细想真奇怪之三
——人和其他动物的界线在哪里

人是万物之灵——这句话大家耳熟能详，念出来太顺口啦！可是等等，凭什么？我们拿什么来证明我们真的和其他动物有本质区别？马克思认为人与其他动物的根本区别之一是人能制造和使用工具。但是读了黑猩猩和啄木雀用小树枝"钓"虫子吃的故事，相信这个标准已经不足以说服你了。这篇文章我们带大家来见识一下，我们的动物朋友是怎样一次一次刷新我们的认识的。

猩猩也会用工具

猩猩作为我们的近亲，使用工具的能力令人刮目相看。黑猩猩会用石头砸开坚果取食果仁，而刚果的大猩猩则会把大树枝当作手杖来帮助自己涉水。科学家在刚果以北的沼泽林地，发现一只大猩猩用树枝来探测池塘水深，之后又用树枝协助自己保持平衡，顺利走过这片水域。美国科学家吉尔·普吕茨和

帕科·贝尔托拉尼在塞内加尔的热带大草原上观察黑猩猩，发现雌性黑猩猩会使用树枝制作矛，用来捕食洞穴中的一只丛猴，而且这并非出于偶然，雌性黑猩猩一次又一次地扮演着"猎人"角色。

　　甚至在瑞典一家动物园里，一只31岁的雄性黑猩猩还"进化"出了"谋杀"行为：每当动物园关门时，它就默默地准备好成堆的石块，等第二天动物园开放迎来游客时，它就毫不客气地把石块扔向游客。

黑猩猩大厨也疯狂

有人会说："那么火呢？只有我们人类会用火来煮熟食物。"且慢且慢，作为热爱熟食的我也以此骄傲了很久，直到读到一则报道之后，才知事实并非完全如此。

事实上，野生的黑猩猩会观察野火，有时候会在野火烧过的地方找那些烧熟了的食物。哈佛大学的科学研究者做了一系列的实验来验证，黑猩猩是否可以理解"烹饪食物"这个概念，如果有条件，它们是否会选择煮熟了的食物。之前的实验观察已经证明了黑猩猩更喜欢熟食，在新的实验中，科学家们让围栏里那些在野外出生的黑猩猩目睹：生山芋进入一个烹饪机器，过一会儿机器里会出来一只熟山芋；而作为对照，生山芋如果进入另一个非烹饪机器，出来的时候还是一只生山芋。结果，几乎每只黑猩猩都选择了烹饪机器，它们很快就明白了在这个机器中发生了烹饪——山芋由生变熟（虽然它们的脑瓜儿里并没有"烹饪"这个词，但是它们却理解了"食物口感发生了转变"这样的概念）。

接下来，科学家测试黑猩猩是否愿意等待熟食，而不是立刻吃掉给它们的生食。他们给黑猩猩生薯片，让它们自由选择是立刻吃掉它，还是放进烹饪机器里等熟薯片出来。结果大出所料，黑猩猩们选择等待熟薯片。先前大量的动物研究都表明，动物是缺乏自控能力的，尤其是在占有食物这么重要的大事上；而这个实验却表明，为了熟食，黑猩猩居然愿意暂时克制口腹之欲，做到了延迟享受。

在下一步实验中，科学家进一步挑战黑猩猩的耐性。他们把烹饪机器放到了围栏里的另一边，黑猩猩得拿着生薯片走过去才行。或者是在黑猩猩拿到生薯片之后，过几分钟，研究人员才带着烹饪机器出现。在这两种情况下，黑猩猩绝大多数时间里都选择了等待吃熟薯片。最后，科学家又拿胡萝卜做实验，结果再次证明，黑猩猩选择烹饪机器以获得熟食。

科学家通过这些实验认为，烹饪大大促进了我们人类智慧的发展，原因可能在于大脑是个非常耗能的器官，而烹饪能让我们从熟食中更好地获取营养和能量。所以，如果给黑猩猩一堆火，我丝毫不怀疑它们中的某个天才也会灵光乍现，学会烹饪，而其他家伙亦会迅速学会这招。

人有人语，兽有兽言

"是否有语言"可以作为区别人和其他动物的标准吗？好像也不行，前面的文章中也提到了鲸和灵长类遇到不同的天敌会有不同的报警声，这些起到明确交流作用的声音也是可以被定义为动物的语言的。

那么社会分工呢？这一直被我们看作是人类社会进步的表

现，然而想想蚂蚁、白蚁、蜜蜂严密的社会组织，或是鸡群、狼群、猴群中森严的等级制度，我们好像也没有啥独到的。

哦，那么时尚文化呢？那些看似跟衣食住行没有直接关系的时尚文化，总该是我们人类独有的了吧？可惜，答案还是："No！"伦敦一家动物园发现园内老住户——一只30岁的雌性猩猩模仿饲养员，学会了吹口哨，而其他的猩猩居然开始模仿它，俨然掀起了一阵"流行音乐"潮流。

无独有偶，来自德国马普研究所（Max Planck Institute）的灵长类研究专家埃德温·范雷文的研究团队在赞比亚的奇方希野生动物孤儿院里做了一年的观察，发现在那片区域里共同生活着的黑猩猩社群中，竟然有一群黑猩猩进化出往耳朵上别根草秆子的时尚（Grass-in-ear behavior）！哈哈，且不要急着对黑猩猩的审美品位说三道四，人类自己的时尚潮流有时候也是令人费解！

让我们来看看这股耳朵别草秆子的风尚是怎么流行起来的。2010年，一只名叫朱莉的雌性黑猩猩首先做了这个奇怪的举动，社群里的其他成员似乎觉得这样挺不错，随后有七只黑猩猩效仿了朱莉的行为。这些追随者不断观察它们的"流行教主"是如何做的，然后自己再去尝试——先挑一截草秆子，摆弄一下，像是要把草加工成自己喜欢的模样，然后用一只手把草秆子别到耳朵上。这些动作对黑猩猩来讲易如反掌，关键是怎么会想到这个古怪点子，还形成了潮流，甚至这潮流在朱莉去世后还在风行。这种对实际生存没啥帮助而社群成员却纷纷效仿的行为，可不就是"时尚"嘛！

哦，也许我们还可以说，我们是万物之灵，因为我们成功驯服了牛、羊、狗、猪等等。哈哈，不好意思呀，蚂蚁也会放牧蚜虫获得蜜露呢！要嫌不够，还有最近科学家在大草原上发现的一群狼和狒狒的和谐共处。通常这二者是捕食者与被捕食者的关系，但这一群狼就在狒狒群附近转悠，这群狒狒居然不畏惧狼群，而当鬣狗之类接近时，它们却逃之夭夭。科学家们都是跟踪狂，都有偷窥癖，两个星期之后，他们搞清楚了原因——狒狒帮助狼群赶起来小老鼠，狼群因此捕食老鼠的成功概率由单独捕猎的 25% 猛增至 67%，为此，狼群不仅放弃了捕食小狒狒，还在狒狒群面前摆出一副讨好的模样。这个场景是不是看起来很眼熟？对啦，当年人类的祖先也用食物"收买"了狗的祖先啊！

好吧，说到这里我基本已经放弃抵抗了。纵观人类发展史，很多天时地利的偶然因素集合在一起才推动人发展成今天的模样。现如今，一方面我们在不断发现动物朋友身上的智能要素，而另一方面，人工智能又在机器人身上不断地深入发展，看似人类被两面夹击——一会儿"猩球崛起"要灭了我们，一会儿机器人要灭了我们。但我反而觉得，这一切恰恰能够促使我们不断反思、探索，也许会让我们更接近"我们何以为人"这个谜题的答案。

非常问

动物需要"朝九晚五"地上班吗？

真的要！据说，在莫斯科有五百多只依赖地铁系统求生的流浪狗，它们每天像上班族一样早出晚归，早上从居住地出发进入地铁站，搭乘地铁前往市中心寻找食物。它们选择第一节或最后一节车厢上车，因为通常地铁头尾车厢会比较空。下车后到了繁华地带，它们怎么获得食物呢？手段有点儿恶劣——一小群狗会选择偷偷尾随边走边吃快餐的行人，然后出其不意地狂吠，吓得行人掉了手上的快餐，它们就获得了一顿美味。一天的"打劫"结束，狗强盗们晚上再搭乘地铁回居住地。这可不就是街头混混在"上班"嘛！

这是个非常帅气的回答。只是，你相信吗？

当我在微博上看到这则报道时，我在心里打了个问号。可惜我也没法到莫斯科去一探究竟，就上网搜啊搜，在知乎上得到了以下信息：有人说自己在莫斯科住了15个月，在各个时段、各个地点坐了无数次地铁，没有见过流浪狗；有人说莫斯科的地铁站（尤其是市区的）大部分离地面很深，需要乘坐很长很长的手扶电梯；有人说莫斯科地铁的进站闸机的运行机制是这样的——一般情况下闸机是敞开的，但不刷票进入的话，闸机会突然弹出并重重砸在你腿上，一大块瘀青肯定是免不了的，难以想象狗能每天承受两次这种打击，没票的话除非是"跳山羊"，否则只能等闸机砸过来；还有人说虽然没见过莫斯科的流浪狗乘地铁，但它们顺利地过马路还是可以的。

这样看来，似乎这则报道不太像是真的。我继续追查，翻到了2009年的一则比较详细的报道。报道里是这样解释的：部分聪明的狗狗不会错过自己的目的地，因为它们对时间有很好的感知；它们之所以可以顺利过马路，是因为它们可以识别交通灯不同的信号性状；甚至有些狗在吃饱喝足的情况下，会跟地铁门玩游戏——在门就要关上的瞬间跳跃而过，虽然冒着尾巴被夹的风险，但是它们却乐此不疲。

说到这里，你觉得狗狗讨生活的故事到底是真是假呢？我真想去趟莫斯科啊！你们如果亲眼证实或证伪了，一定要告诉我啊！

好奇心、怀疑的精神、搜索信息去求证、力不能及的时候寻求他人的帮助——不知道这些加在一起能不能让我坚信我是人类呢？

图书在版编目（CIP）数据

座头鲸的双面生活：动物卷2 / 郑炜著. — 济南：
明天出版社，2016.1
　（大嚼科学）
　ISBN 978-7-5332-8774-0

　Ⅰ.①座… Ⅱ.①郑… Ⅲ.①动物－少儿读物 Ⅳ.
①Q95-49

中国版本图书馆CIP数据核字（2015）第300143号

大嚼科学 动物卷2（座头鲸的双面生活）

著者／郑　炜

出 版 人／傅大伟
出版发行／山东出版传媒股份有限公司
　　　　　明天出版社
地　　址／山东省济南市胜利大街39号
http：//www.sdpress.com.cn　http：//www.tomorrowpub.com
经销／新华书店　印刷／荣成三星印刷有限公司
版次／2016年1月第1版　　印次／2016年1月第1次印刷
规格／150毫米×210毫米　32开　8.125印张　136千字
印数／1-10000
ISBN 978-7-5332-8774-0　　定价／20.00 元

如有印装质量问题，请与出版社联系调换。　电话：（0531）82098710